忠于宠物犬原始天性的营养学与自配辅食指南

（原书修订版）

Raw and Natural Nutrition for Dogs

The Definitive Guide to Homemade Meals

(Revised Edition)

〔美〕L. 奥尔森 著

韩 博 陈金发 刘耀庆 田维鹏 主译

科 学 出 版 社

北 京

图字：01-2022-2634 号

内 容 简 介

本书系统讲述了犬的营养需求和自配辅食的方法，以及针对特殊生理时期和患有不同慢性疾病的犬所做的膳食调整策略。全书分为 3 个部分，共计 35 章。第 1 部分系统讲述了犬粮的发展史，犬的消化系统解剖学，犬对蛋白质、脂肪、矿物质和维生素的需求，控制碳水化合物摄入的趋势和食材多元化的意义；第 2 部分讲述了犬嗜动物蛋白的天性、适口性原则，并详细地介绍了自配生鲜辅食和熟制辅食的原理及流程，怀孕犬、幼犬、工作犬、玩具犬以及在旅途中犬的特殊护理和喂养的新信息与注意事项，爱犬生食的安全性等；第 3 部分讲述了宠物犬多种慢性病的症状、诊断以及膳食营养的特殊护理，并为罹患心脏疾病、癌症、肾病、肝病、甲状腺疾病、胰腺炎、糖尿病、低血糖症、过敏性疾病、关节病、尿路疾病、胃病和免疫性疾病的宠物犬逐一提供治疗或缓解的自配辅食配方。

本书的读者对象是关怀老年犬及罹患不同代谢疾病的宠物犬的主人、宠物诊所的医生、宠物营养补充剂的研发人员和销售人员、面向宠物社区的肉类与果蔬销售人员、宠物功能粮及处方粮生产企业的研发人员和配方师，以及高等院校广大小动物医学、动物学、营养学、食品饲料加工等相关专业的教师和学生及工作犬需求单位的专业人士与爱犬大众。

图书在版编目（CIP）数据

忠于宠物犬原始天性的营养学与自配辅食指南：原书修订版/（美）L. 奥尔森（Lew Olson）著；韩博等主译. —北京：科学出版社，2024.2

书名原文：Raw and Natural Nutrition for Dogs: The Definitive Guide to Homemade Meals (Revised Edition)

ISBN 978-7-03-077105-6

Ⅰ. ①忠… Ⅱ. ①L… ②韩… Ⅲ. ①犬–家畜营养学–指南②犬–饲料–指南 Ⅳ. ①S829.25-62

中国国家版本馆 CIP 数据核字（2023）第 219582 号

责任编辑：李秀伟 刘 晶 / 责任校对：郑金红
责任印制：肖 兴 / 封面设计：无极书装

科学出版社 出版
北京东黄城根北街 16 号
邮政编码: 100717
http://www.sciencep.com

北京九州迅驰传媒文化有限公司印刷
科学出版社发行 各地新华书店经销
*
2024 年 2 月第 一 版 开本：720×1000 1/16
2025 年 1 月第二次印刷 印张：15 1/2 插页：1
字数：312 000

定价：128.00 元

（如有印装质量问题，我社负责调换）

谨以本书献给比恩（Bean）、伯特（Berte）、
丹尼（Danny）和艾里斯（Iris）

主 译 简 介

韩　博，现为中国农业大学动物医学院教授、博士生导师。1998 年博士毕业于东北农业大学动物医学院。中国畜牧兽医学会理事、中国畜牧兽医学会动物毒理学分会副理事长。主要从事临床兽医学的教学、科研和生产工作，发表 SCI 论文 120 余篇，近 10 年来诊治宠物疾病 1.3 万例。主编普通高等教育“十一五”国家级规划教材《动物疾病诊断学》（第 2 版）和《犬猫疾病学》（第 3 版）等著作和教材 21 部，主译《犬猫眼科学彩色图谱》等多部动物科学图书。

陈金发，2005 年毕业于天津农学院食品科学与工程系。现为乖宝宠物食品集团股份有限公司研发总工程师，宠物营养研究与发展中心总监。致力于宠物食品加工工艺开发与应用、宠物食品品类拓展与研发及犬猫营养需求研究，拥有 17 年行业研发经验，主攻宠物食品加工制造及宠物营养研究。先后发表《宠物食品中以鲜肉浆替代肉粉对适口性的影响研究》《麦富迪®T-EXTRUDER 美国 Wenger 双螺杆膨化技术在宠物食品生产中的应用》《真空冷冻干燥技术在宠物食品中的应用》等多篇学术论文。

刘耀庆，2003 年毕业于中国农业大学动物医学院。现为乖宝宠物食品集团股份有限公司宠物营养研究与发展中心经理，国家执业兽医师、健康管理师。曾担任 CSV 德国牧羊犬俱乐部繁育官员，具有多年宠物医学、行为学行业从业经验。主攻宠物的营养需要和行为模式，宠物食品饲喂效果评定，宠物膳食、处方膳食个性化指导相关研究。先后合作发表《高肉猫粮物理性状的分析研究》《不同品牌幼犬粮的适口性比较分析》《卵磷脂对犬只被毛质量的影响研究》等多篇学术论文。

田维鹏，2014 年毕业于东北农业大学动物医学院，国家执业兽医师。现为乖宝宠物食品集团股份有限公司宠物营养研究与发展中心技术经理，主攻宠物营养研究、行为学研究、宠物食品及原料功效性研究。同时担任南京农业大学动物医学院专业学位研究生校外合作导师。先后合作发表《一款幼犬粮对幼犬生长性能的饲喂效果观察》《饲喂不同钙片对犬血清钙、磷的影响分析》《质构仪在宠物食品质构检测中的应用》等多篇学术论文。

译校者名单

主　译： 韩　博　陈金发　刘耀庆　田维鹏

副主译： 赵海明　王福正　刘金星　邢　丽

译　者（按姓氏汉语拼音排序）：

陈金发（乖宝宠物食品集团股份有限公司）
韩　博（中国农业大学）
林雨姗（中国农业大学）
刘　刚（中国农业大学）
刘金星（天津宠次元宠物用品销售有限公司）
刘耀庆（乖宝宠物食品集团股份有限公司）
玛依努尔·吐尔迪（中国农业大学）
田维鹏（乖宝宠物食品集团股份有限公司）
王福正（辽宁海辰宠物有机食品有限公司）
王静怡（中国农业大学）
王　月（中国农业大学）
武乃雯（中国农业大学）
谢晓晨（中国农业大学）
邢　丽［艾牧（北京）农业咨询有限公司］
熊婧琰（中国农业大学）
熊胤迪（中国农业大学）
徐茂林（中国农业大学）
叶生博（天津宠次元宠物用品销售有限公司）
赵海明（上海依蕴宠物用品有限公司）

主　校： 李　鹏（北美动物蛋白及油脂炼得行业协会）

译 者 序

改革开放40多年，我国经济取得了长足发展，以犬、猫为代表的伴侣动物数量及养宠人数持续增加。根据《2020年中国宠物行业白皮书》估算，我国城镇宠物保有数量超过1亿只，其中犬只数为5222万，为所有宠物类型中最高。在2021年，我国60岁以上人口已经达到2.67亿，占全国人口的18.9%。预计到2050年，我国60岁以上人口将达到全国人口的40%以上。宠物犬对于老年人的心理健康和幸福感受发挥重要的作用。宠物犬的主人通常更加主动地从事体育锻炼，从而降低代谢病的罹患风险。在肯定宠物犬的豢养在我国老龄化社会进程中发挥正面作用的同时，也应充分认识到豢养宠物犬的家庭数量以及占比将不断增加的客观趋势。

我国的宠物食品工业从20世纪90年代开始，经过近30年的发展，已经成长为门类齐全、技术先进的现代化工业。以“麦富迪”“伯纳天纯”“黑鼻头”“阿飞和巴弟”为代表的中国国产宠物食品已然集营养性、安全性、上佳的适口性和便捷性于一体，为宠物犬的生长、发育、健康、福祉与寿命提供着有效的保障。然而，随着年龄的增长，爱犬自身的衰老不可避免，并产生营养需求的差异。伴随老龄化，犬可能罹患多种慢性病，并由此产生出与正常成犬不同的膳食需求。简要了解犬的心脏病、癌症、肾病、肝病、甲状腺疾病、胰腺炎、糖尿病、低血糖症、过敏性疾病、关节病、尿路疾病、胃病和免疫性疾病的发病原理、主要症状、常规药物干预以及各种代谢病对营养的特殊需求，对于犬主通过自配辅食来发挥膳食自身的治疗与预防功能，并为处在生命后期的爱犬提供特殊的人文关怀有着重要的意义。

从学科设立的严重滞后到经费支持的窘迫，从学术带头人的缺失到科研人才梯队建设的滞后，从实验基地的匮乏到实验方法的局限，都使我国的伴侣动物营养学发展远远滞后于畜禽和水产动物营养学。并且，对于宠物营养学，尤其是在宠物临床营养学、病理营养学等营养与疾病的交叉领域的科研支持颇为有限，阻碍了国产功能粮、处方粮以及自配宠物犬生鲜辅食的研发与创新。

艾牧（北京）农业咨询有限公司为中国宠物食品行业企业端的原料、加工科技、服务与宠物食品制造行业上下游万余名专业人士提供交流与合作的平台。对于我国目前在这一交叉学科领域的相对滞后感同身受，因而联合乖宝宠物食品集团股份有限公司、上海依蕴宠物用品有限公司、辽宁海辰宠物有机食品有限公司、天津宠次元宠物用品销售有限公司等四家中国宠物食品头部企业，共同策划了从美国North Atlantic Books出版社引进这本火爆西方养宠家庭的*Raw and Natural Nutrition for Dogs*：*The Definitive Guide to Homemade Meals*一书，并统筹该书中文译本《忠于宠物犬原始天性的营养学与自配辅食指南》（原书修订版）的翻译和审校工作。

本书系统讲述了宠物犬的营养需求、自配辅食的方法，以及针对特殊生理时期和患有不同慢性疾病的犬所做的膳食调整策略。本书深入浅出地介绍了宠物犬多种慢性病的症状、诊断以及膳食营养的特殊护理，并为罹患心脏疾病、癌症、肾病、肝病、甲状腺疾病、胰腺炎、糖尿病、低血糖症、过敏性疾病、关节病、尿路疾病、胃病和免疫性疾病的宠物犬逐一提供治疗或缓解病情的自配膳食处方，为具有特殊关怀需要的宠物犬提供来自于欧美等国家的重要自配膳食参考。本书也涉及工作犬的辅食配制原则和方法，对于在我国国防、治安、缉私、搜救等多个领域发挥重要作用的万余只工作犬的后勤保障提供了宝贵经验。

本书的翻译工作得到了中国农业大学、乖宝宠物食品集团股份有限公司、艾牧（北京）农业咨询有限公司、上海依蕴宠物用品有限公司、辽宁海辰宠物有机食品有限公司、天津宠次元宠物用品销售有限公司、北美动物蛋白及油脂炼得行业协会（North American Renderers Association，NARA）等企事业单位人员的参与和支持。具体翻译校对人员请参见译校者名单。本书的译者团队由多家企事业单位的专业人士所组成，他们在各自繁重的生产、科研与教学工作之余，全力合作，为本书翻译工作保质保量的尽早完成付出了大量的辛勤劳动。从有利于学科和行业发展的角度出发，译者团队不计报酬，在此表示诚挚的感谢。

北美动物蛋白及油脂炼得行业协会是代表美国陆生动物蛋白及油脂行业的组织，NARA及其众多会员企业长期致力于陆生动物源性副产品的安全、高效回收和再利用，并在全球宠物饲料行业推广不断更新的营养科学发现及应用。NARA为科学出版社引进翻译出版本书提供了支持，从而使中文译本得以顺利面世。

鉴于译者水平和能力所限，书中可能存在不当或谬误之处，诚恳接受各位行业同仁和读者批评指正。

译　者

2022年12月

致　谢

如同任何写实作品一样，思想在变化，新题被引入，数据在更新。这本《忠于宠物犬原始天性的营养学与自配辅食指南》（修订版）中，包含了大量的新内容，在此我要感谢很多人。布伦达·沃姆（Brenda Warner）花费大量时间为我整理众多新资料，添加到本书中，并全力进行编辑工作，如添加新信息、搜索错别字、纠正勘误表，让本书行文流畅。我非常感谢她全身心的投入。

我要感谢 K9 营养雅虎线上小组和在 Facebook 页面上参与的所有网友。他们提出了很多建议，为我每个月的个人专栏写作提供了新的内容和想法。我由此了解了众多宠物主人的兴趣所在，从而能在本书中更加有针对性地提供养宠家庭所需要的知识。

在我投入大量时间研究宠物犬营养并撰写成书的时间里，我的丈夫杰夫·谢弗（Jeff Shaver）耐心地为本书提供了大量建议。同时感谢我的姐姐坦尼尔·奥尔森（Tennille Olson），为我撰写本书提供了坚定的支持、鼓励和长久的信任。

沙伦·奥吉尔维（Sharon Ogilvie）担任着 K9 营养雅虎线上群组的群主，也是 K9 营养的股东，关于犬的健康和营养的多个问题，她都帮我做出清晰的解答。在犬的疾病与膳食关系上，沙伦提供了非常宝贵的实用案例分析。在我忙于修订图书时，她付出了额外的时间来整理目录，这里一并表示感谢。

一本书里不可能涵盖所有，但是本书的修订版涵盖了犬的许多营养问题。这本书可以让读者了解自家宠物犬所需要的膳食食材、合理搭配和饲喂量，以及这些因素对于爱犬健康的影响，并教授读者如何根据爱犬的需要来配制辅食，让爱犬尽可能地保持健康。

L. 奥尔森

序

克里斯蒂·凯斯（Christie Keith）是《宠物连线》的特约编辑，也是《旧金山纪事报》和《你的整个宠物》（电子版）的宠物护理专栏作家，每月发稿两篇。她是美国“在线宠物护理论坛”的前任主任和编辑、“宠物医生信息网宠物主人网站”编辑和“宠物医生之友”网站的创始编辑。她撰写了许多关于宠物保健的文章。她繁育并豢养了一只名为凯布·费（Caber Feidh）的苏格兰猎鹿犬。

我是环球报业集团下《宠物连线》的特约编辑，曾为全国《宠物连线》联合专栏和博客报道了2007年宠物食品召回事件。在连续几个月的召回过程中，成千上万的网友访问我们的网站，急切地想知道如何安全地给他们的犬饲喂自制的营养膳食。

绝大多数人都相信，犬对膳食有着神秘和精确的营养需求，只有科学家有能力配制犬的辅食，也只有宠物食品制造商有能力生产犬粮。

我对此有不同的理解。在那个时间点，我已经给自己的宠物犬饲喂超过 21年的自制膳食。因此，当其中大部分人发现自制辅食并不像想象中的那样困难时，我并不感到惊讶；同样，当他们发现，饲喂自制辅食后犬的健康状况得到改善时，我也不感到惊讶。

L. 奥尔森是几年前我偶遇的第一批犬主中的一位。当时，互联网及其提供的数千个电子邮件、留言板和论坛，首次使世界各地的人们能够轻松地交流如何照顾宠物犬的经验。卢（Lew）和我由此在网上建立了友谊，后来成为线下益友，这主要是因为我们在自制犬的辅食方面有着相似的理念。

该书不仅会使你了解到为何犬在新鲜多样的辅食情况下体况最好，而且还提供了易于操作的说明来详细指导宠物犬辅食的制作过程。卢给出了具体的食谱、补充建议和简单的操作步骤，可以确保犬的营养需求不会供应过量或不足。

在该书中，读者能够查阅到这些基本信息。此外，卢还分享了犬的营养概念，从而使你能够评估犬的营养状况，理解宠物食品制造商、宠物医生大夫、犬饲养者、宠物店员工、在宠物乐园邂逅的其他犬主以及互联网上成千上万的“专家”经常提供的相互矛盾的建议。

卢和我一样，认为没有一种真正的方法可以喂养犬。因此，她的书力求摆脱教条，令人耳目一新。考虑在你的犬膳食中添加生肉和骨头吗？她会告诉你该怎么做。想用没有骨头的生肉喂养你的犬吗？她也会告诉你该怎么做。她还告诉你如何给犬饲喂营养均衡的熟食。此外，她做了历届宠物食品行业宣传人员一直试图说服所有人但都无法做到的事情——如何安全营养地在犬颗粒粮中添加新鲜辅食。

在过去二十多年时间里，我亲历过数百只犬的健康状况和生活质量因转向自制辅食，或者在商品粮中增加新鲜食物而得到了恢复与提高。自从宠物食品召回事件发生以来，我目睹了更多的改变，它们是在卢的帮助和支持下实现的。

卢的这本书是一本无价之宝，可以帮助你改变犬的生活，或者解决由于犬龄、健康或生活方式的变化而产生的特定膳食需求。在“没有商业实验室和生物检测与认证就无法制作宠物粮”和“饲喂犬任何东西皆可”两种观点之间，该书占据了合理的中间地带。

从此，不需要再经历国际食品安全危机，我们就能知道自制犬粮的必要性以及我们如何制作犬粮。你只需要掌握一些基本常识和信息，这些信息在该书中都有详细的阐释。

克里斯蒂·凯斯

于加利福尼亚州旧金山

目　录

第 1 部分　犬的营养学基础知识

第 1 章　鲜为人知的犬粮演化史

一万多年以来，犬一直是人类最好的朋友和伴侣，这种牢不可破的关系一直延续到今天。这种令人难以置信的友谊跨越了国家界限、超越了文化差异，并在社会变化和时间流逝中得以长久地保持。尽管社会环境的变化无时无刻不在影响着我们的生活，但令人欣慰的是，有一点始终保持不变——犬仍然是我们最好的朋友，它永远不会过时或被取代。犬是我们的同伴、向导、同事，甚至是我们灵魂的伴侣，它的忠诚与爱无穷无尽。

正是由于这种亲密关系带来的力量，使我们愿意为犬做最好的事情。我们爱它们，抚摸它们，锻炼它们，与它们玩耍，和它们交谈，给它们洗澡。我们知道它们什么时候快乐、什么时候悲伤。然而，这种亲密关系更容易使我们饲喂犬时迷失在商品犬粮及其营销和广告活动中。

在过去的十年时间里，我们越来越关注自己的健康。在信息触手可及的今天，我们知道哪些食物可以保持我们的健康，同时应该远离哪些食物来避免疾病。闲逛任何一家杂货店，你都可以发现无数促进我们营养健康的膳食选择；然而，在宠物食品货架中，你却无法找到那么多种相似的货品。虽然五颜六色的包装和大胆的营销口号很具有诱惑力，也很能吸引人们的注意力，但看过配料表，你就会困惑，以至于最终质疑自己对犬的辅食和营养需求到底了解多少。很多时候，我们只是简单地相信制造商和他们的营销策略，以为这样就可以保持犬的健康。

许多犬主不了解犬的营养需求，因此商业犬粮的选择可能令人感到困惑和沮丧。全价犬粮的标签上通常注明该产品提供犬所需的全部营养。在产品品质之外，宠物食品企业也关心销量和经济回报。在产品标签和广告投放的营销之下，宠物食品行业获利颇丰。个别商品犬粮存在碳水化合物占比不合适、纤维和填充剂含量过高、使用廉价蛋白源的问题。这类产品的营销和广告策略吸引了犬主的关注，而忽略了廉价的原料只会给商家带来利润，而不会给犬的健康带来益处。

> 我们究竟对我们最好的朋友——犬的膳食需求了解多少呢?

在过去二十年时间里，宠物行业有了很大的发展，并且还在继续增长。2014 年，美国宠物产品协会预估全年美国民众在宠物产品上的总支出将达到 585.1 亿美元，仅在宠物食品上的支出就超过 226.2 亿美元。2013 年，宠物产品的实际支出为

557.2 亿美元，其中 131.4 亿美元用于宠物食品。2004 年，人们在宠物产品上花费了 170 亿美元——20 年时间里增长接近 344%[1]。如果我们认真地看待这个增长趋势，就会发现宠物食品行业的发展是惊人的。

凭借研发投资和动物医学科学家的支持，宠物行业不仅解决了宠物的膳食，也在我们的认知范围内解决了动物解剖学与动物营养需求的众多问题。

如果你是在宠物食品商品化流行后出生的，你可能还记得在电视上看到过呆萌可爱的宠物食品广告，听宠物医生告诫你餐桌上的残羹剩饭对宠物犬存在危险。我们从杂货店购买犬粮，享受着只需要把犬粮从袋子里倒到碗里的便利。要想让犬保持健康，一袋干犬粮就足够了，这样的广告容易让人信服，从而形成用商业犬粮饲养犬的习惯。我们也不再考虑这样的做法是否对犬完全有益。

出乎意料的是，尽管如今在世界各地都能买到犬粮，但它实际上是一项相对较新的发明。第一种商品犬粮出现在 19 世纪末，直到第二次世界大战后，袋装和罐装宠物食品才在美国流行起来。在此之前，犬只能自己觅食或者依靠主人给它们喂食。例如，农场犬吃生肉屑、生牛奶、鸡蛋，以及任何能找到的食物；城市犬则依赖于主人餐桌上的残羹剩饭和肉店里便宜的生肉。只有皇室和富人才为他们的犬精心准备膳食。

1860 年，一位名叫詹姆斯·斯普拉特（James Spratt）的人，在造船厂偶然发现一些犬正在捡食水手从海军舰艇上扔下来的硬饼干，这给了他灵感。在他的搭档、英国节目主持人、克鲁夫特犬展创始人查尔斯·克鲁夫特（Charles Cruft）的帮助下，他生产了我们今天所知道的犬粮“斯普拉特专利肉纤维犬蛋糕（Spratt's patent meat fibrine dog cakes）”。那时，或许他没有完全意识到他的发明会掀起市场的热潮。虽然他的产品名称不是很容易被记住，但他却是一个真正的营销天才。斯普拉特开始举办犬展来推销他的产品[2]。他的饼干只是用一些简单易得的原料制成，用料算不上复杂。很快，其他公司也紧随其后。一些公司聘请宠物医生为产品代言，声称他们的食物可以治愈犬身上的蠕虫和其他常见疾病，这种营销趋势一直持续到今天[3]。

也许最简单的营销策略往往是最成功的，因为这与当时美国老百姓能接受的最低价格相符。随着 20 世纪 30 年代的美国经济崩溃，作为比家庭烹饪更便宜的一种选择，商品化宠物食品开始销售，并且销售额逐渐提升。利用这个聪明的想法，宠物食品行业研发出了两种既便宜又方便的产品，即罐装肉和脱水犬粮，即使在今天，它们仍然是犬粮市场上的中流砥柱。在 20 世纪 40 年代的美国，这两种产品都是放在宠物犬碗里，然后按照说明书上标注的“加水就行了”，就这样犬的晚餐就可以上桌了[4]。

随着对手之间的竞争加剧，出现了关于各自产品的辩论。各家宠物食品企业都宣传加工工艺和批量生产的优点。还有企业宣传他们能够利用食品副产品，包括谷壳、谷物碾磨碎料以及不适于人类消费的肉品。有一些企业认为鲜肉价格对于宠物犬来说过于昂贵，而且会让犬变得挑嘴。虽然人们普遍认为，鲜肉和蔬菜对犬来说是更好的选择，但宠物食品行业认为，用规模化生产出的原料喂养犬更经济，同时更加利于犬的健康。在一个追求便捷和实惠的时代，公众开始相信商品化的加工犬粮是让犬保持健康的不二选择。

第二次世界大战后，随着犬粮销量的持续回升，商品犬粮成为一个对各方均有利的双赢局面。磨坊经营者和谷物经销商为他们的副产品找到了有收益的市场，肉联厂能够出售非人类食用等级的肉类及人类不使用的动物组织和副产品。在这条供需链条的末端，消费者找到了一种经济而便捷的方法来喂养他们的宠物。随着需求的增长，宠物食品公司的规模越来越大。以前被丢弃的食材突然进入美国各地犬的晚餐碗里[5]。

在推动行业发展和满足消费者需求的热潮中，人们不再思考犬到底应该吃什么。商品化的加工犬粮使用来自磨坊的副产品、人类不食用的肉类以及屠宰场的副产品。将这些原料搭配混合，然后经过热加工烹制，灭杀原料中的细菌和潜在致病原。

这个过程几乎从一开始就采用行业标准加工。但也出现过失败的案例，例如，由于生产了含有有害污染物的食品，导致宠物食品被召回。此外，有研究表明，高温会破坏食材中的部分营养成分[6]。

> 来自宠物食品公司的信息：任何人从记事起，餐桌残渣就是犬的主食，但它们对犬是有害的。他们宣传，为了安全，必须给你的犬饲喂加工食品。

宠物食品行业以技术革新回应了宠物主人的担心。新技术提升了加工工艺和产品质量。时至今日业务依然昌隆的普瑞纳公司，早在 20 世纪 50 年代发明了一种称为“膨化”的突破性工艺。这一工艺将原料以液态混合熟化，最后完成颗粒膨胀和烘烤。最终成型的犬粮颗粒比原料更大、更轻。新产品相较之前已经上市的粗粮更加物美价廉。就像一百年前斯普拉特的犬展一样，普瑞纳公司这个广告是商品犬粮发展史上一次精妙的推广[7]。

20 世纪 60 年代，宠物食品行业内销售的竞争变得白热化。宠物医生认为，当时市场上基于肉类的犬粮无法提供宠物需要的所有营养成分[8]。这样的呼声时至今日仍然保持着影响力，也为犬类营养学奠定了基础。《美国宠物医生协会杂志》（*American Veterinary Medical Association*）的编辑认同宠物食品行业的观点，认为犬粮需要加强营养补充，蛋白质过多对犬的身体有害，适当的碳水化合物对犬的健康是有益的。美国宠物食品协会作为宠物食品行业的代表，通过多种媒体宣传将上述信息传递给各家各户，其中包括美国主流杂志上的文章、91 家广播电台的黄金时段以及发送给上千家报纸的新闻稿，由此传递着宠物食品行业的信息：餐桌上的残羹剩饭是有风险隐患的。为了保证爱犬的安全，犬主需要给爱犬饲喂商业的加工犬粮[9]。

独立包装的商业犬粮最大的吸引力是其使用的便捷性。把干粮舀进犬粮碗里比烹饪犬粮容易得多。犬粮的发展与现代科技取得的所有成就保持同步，使民众的生活更加便捷。民众仍然对犬的健康及其摄食的商业犬粮有所担忧。犬粮公司开始推广“全价犬粮”的概念，并宣传使用了全价犬粮的犬主，不需要额外为爱犬补充食物或营养补充剂。这些公司引用来自宠物食品协会的告诫，即饲喂食物残渣实际上对犬的健康有害。商业犬粮不再是犬的速食食品，也不是屠宰场和谷物加工厂副产品的有效利用，而是犬在现代社会环境下生存所必备的产品。

在接下来的几十年里，市场营销继续推动行业发展。企业招募明星代言特定的犬粮品牌，更多地用广告方法和美工设计来引起犬主的关注。突然之间，犬粮变得垂涎欲滴，粗粮也被切割成能够吸引犬主人的形状，同时提升了犬粮的色泽使其看起来更加自然。这样的产品设计并非以犬的健康为出发点，更多的是为了满足犬主人的审美观念。犬粮产品由此掀起了一股艺术审美的浪潮，宠物食品包装开始出现鲜亮的标签、诱人的图片以及守护犬健康幸福的承诺。随着犬粮销量的持续飙升，宠物食品的销售点从饲料商店扩展到超市，企业的营销策略也得到了积极回报。

> 迄今为止，在犬消化食物难易程度方面，还没有严谨的科学研究来排列犬粮的原料。

随着宠物食品公司在犬类营养方面垄断地位的确立，他们转向给宠物特定的疾病和系统紊乱制定处方粮。自 1948 年开发出第一种治疗肾脏和心脏疾病的处方粮以来，现已发展出 20 多种处方粮。美国希尔思（Hill’s）宠物产品和科学膳食公司的创始人马克·莫里斯（Mark Morris）博士是开发多种犬处方粮的第一人，其产品受欢迎主要在于与众不同的卖点，而不是具体的食谱。只有宠物医生可以授权出售这些处方粮。这种更新、更科学的犬粮营销方式提出犬的营养是一个普通民众无法简单理解的问题。犬主们更多地开始依赖标签上的建议，而不是靠自己的判断和常识。随着时间的推移，超市的犬粮货架扩大到宠物医生推荐的处方粮。

直到 1974 年，美国国家研究委员会（National Research Council，NRC）开始负责宠物所需营养价值方案的制定[10]。20 世纪 70 年代中期，宠物食品供应商已成长为一个巨大的行业，并建立了一个新的组织，即美国饲料管理协会（The Association of American Feed Control Officials，AAFCO）。该组织改变了美国国家研究委员会的检测程序，缩短了测试周期，并降低了测试的严苛程度。漫长的犬粮饲喂试验逐渐消减，取而代之的是简便的化学分析。化学分析可为犬粮提供数据，但无法提供所用食物的类型、新鲜程度或每种成分的消化率等数据。正如动物保护协会（Animal Protection Institute，API）所说，宠物食品行业通过自行监管从而减少了政府的干预[11]。

NRC 于 1985 年发布了新一版的宠物营养指南，其中有几处重要修改，更加准确地列出了混合、烹饪和加工犬粮后的营养价值[12]。这可以令犬主能够相信产品标签上的数据严格对应着产品的实际营养参数[13]。

康奈尔大学詹姆斯·贝克动物健康研究所的本·谢菲（Ben Sheffy）参加了 1985 年的 NRC 宠物营养指南修订。他对于一些宠物食品企业未遵守该指南表示失望和恼怒。一些宠物食品公司尚未认真实施 1985 年 NRC 提出的修订，也没有根据犬消化食物的难易程度来列出食物成分[14]。

在没有监管干预的情况下，宠物食品行业继续寻找新的创意来销售犬粮。接下来的发明是"高端"犬粮，是对犬更有营养的升级产品。此时，很多犬主人开始发问：如果"高端"犬粮现在才出现，那么之前我给犬饲喂的是什么？在"高端"犬粮问世之前，宠物食品企业一直沿用 1974 年 NRC 的旧食谱作为"高端"标准来生产犬粮。新一代"高端"犬粮的问世推动了宠物食品行业产品范围的扩大。现在货架上看到的品牌琳琅满目，产品包括幼龄犬粮、老年犬粮，以及用于犬维持基础代谢的减肥粮和比赛用粮。现在犬生活的不同阶段都有不同的"营养需要"配方，很多犬主由此深感困惑，并质疑自己喂养爱犬的能力。

20 世纪 80 年代，宠物食品公司广泛使用这种以"科技创新"为主导的推广方式。犬主对犬营养了解甚少，但膳食和营养方面的每一次进步都加深着科学饲喂的观念。科学在不断发展，犬主需要紧跟科技进步，这种趋势持续至今。"经过科学验证的配方"和"全价营养和均衡"的标签几乎覆盖了市场上的所有产品。

宠物行业继续竭尽全力做好产品的细节，确保宠物医生认可他们生产的产品。宠物医生对于产品真实性和诚信的背书是仅靠广告无法实现的。如今，宠物医生仍然鼓励犬主人使用全价干粮，并向犬主人灌输对于自配辅食的担忧。简单浏览一下加拿大宠物医生协会关于宠物食品的科普宣传册《犬猫喂养常识指南》（*A Commonsense Guide to Feeding Your Dog and Cat*），会发现它或多或少地提到犬主人不应该负责给他们的犬自制膳食。该书明确指出"不建议自制膳食"，"因为很有可能无法提供所需的营养。不正确的制作及烹饪也容易破坏食材中的某些营养成分，导致膳食营养不足。此外，自制膳食通常生产成本较高，且营养价值不高。"[15]

负责这本宣传册的同一个机构也负责管理加拿大宠物食品的系统认证。犬的营养是一个供研究人员、科学家、宠物医生以及宠物食品行业从业人员等深入钻研的专业学科。宠物食品协会代表美国 95%以上的犬猫粮公司，宠物食品协会是宠物食品行业的代言机构。根据他们的建议，宠物健康问题需要交给其代表的企业去研究解决。

宠物食品协会网站的"宠物营养"栏目告诉读者，"如今，各种各样的宠物食品已经完全按照宠物成长的各个阶段的需求来科学配制，给宠物饲喂营养均衡的全价犬粮是一件很便捷的事情"。可以预见的是，他们会敬告犬主不要自己喂养宠物餐桌上的残羹剩饭。“宠物医生和动物营养学家已经确定，餐桌上的残羹剩饭缺乏营养，无法为宠物提供营养均衡的膳食。仔细检查你的宠物粮……确保你使用的犬粮包装上印有‘全价营养和均衡’的标签”。[16]

20 世纪 80 年代末，随着消费者对营养学知识了解程度的增加，在某些情况下甚至会极其关注自身营养摄入状况。人们普遍会阅读食品标签，开始更多地注意到宠物粮中的某些特殊化学成分。犬主开始询问犬粮生产企业给犬饲喂什么，并就添加的化学防腐剂和犬粮加工中可能存在的肉类质量问题向宠物食品公司寻求答案。

民众就此对宠物食品公司使用化学添加剂的做法持续施压，许多宠物食品公司由此淘汰了那些使用添加剂的产品，而使用维生素 C 和维生素 E 来保存犬粮中的脂肪。在消费者的推动下，不断创新的宠物食品公司在压力下又催生了一项新的概念——“天然粮”！目前，商品犬粮的趋势是“天然”，企业现在为犬提供有机或人类食用等级的食材，以及以鹿肉、鱼肉和兔肉为代表的新型肉类。一些企业甚至提供整鸡作为主要的肉类原料，并声称他们不使用肉类副产品或营养素含量不足的成分。他们在广告中没有提及的是，所有品牌会继续像往常一样烹饪所有的原料，通过多重工序进行加工，犬粮的原料仍然以谷物、谷物添料、淀粉、蔬菜、纤维和谷物副产品为主。

近年来，随着消费者对宠物食品成分不断提出质疑，宠物食品行业的传统权威遇到了一些挑战。20 世纪 90 年代初，一群澳大利亚宠物医生开始质疑宠物食品行业，声称加工犬粮是他们治疗的大部分犬病的诱因。这些疾病包含了从牙齿问题到癌症等多种犬健康问题。2007 年，来自某国的有毒小麦面筋导致数百甚至数千只宠物死亡，成为头条新闻[17]。

经历这些恐慌之后，越来越多的人开始询问喂养动物的辅食建议，以及宠物们到底需要什么样的营养。随着互联网的影响力越来越大，宠物主人找到了彼此认识的方法：他们创建社区交流经验，并根据宠物食品公司和宠物医生的一些建议进行修正，这在以前都是不可能发生的。

现在许多犬主对于商品犬粮的成分有了更深入的了解，尤其是在辨别蛋白质来源和发现谷物含量过高的情况方面。消费者日益提升的理解没有改变宠物食品行业和宠物医生之间的关系。宠物食品行业继续为动物医学院撰写并出版宠物营养教科书。而宠物医生也告诉犬主，只有经过科学证明的加工犬粮才能满足犬的营养需求。如果人类医疗体系也有一个类似的情况，医生教育民众相信加工食品是有益的，而且对于便捷的生活是有必要的，这种后果可想而知。

犬主人想要了解更多关于犬的营养以及给犬饲喂新鲜辅食的主题书籍，其实能找到的很少。很少有宠物医生鼓励犬主自配辅食或饲喂生食。我希望广大犬主通过阅读这本书，遵循书中的食谱，自制简单而低成本的宠物鲜食辅食，让你的爱犬保持快乐和健康。

第2章　犬的消化系统与解剖学概要

家犬与野生食肉动物

如果检查犬的牙齿，我们就会了解犬和它们的祖先作为食肉动物是如何进化的。锋利和锯齿状的牙齿，使它们能够轻易撕裂肉和脂肪。犬科动物没有扁平的臼齿来磨碎谷物或蔬菜。虽然犬的牙齿容易被观察，但犬消化系统的其他解剖部位却难以观察。因此，犬的消化过程仍然有很多待解之谜，爱犬人士为此有许多争论。

近年来，人类开始更加关注自己的身体，也理解了优质营养对健康的重要性。这些理解使得人们开始为人类的朋友——犬关注更多关于优质营养的问题。犬是食肉动物还是杂食动物？它们需要碳水化合物吗？商品加工的宠物粮能否提供优质的营养？自制膳食能满足犬的营养需求吗？

> 犬科动物的消化器官和解剖结构看似复杂，实际上比我们人类的简单。

根据宠物食品行业和宠物医疗行业的论断，犬的解剖结构和消化生理非常复杂。其实犬的消化系统相对简单。如果犬主理解并遵循犬消化生理常识，并在喂养和关爱的细节上做些简单的调整，这将对于爱犬的健康和寿命有极大帮助。

犬与它们古老的祖先——狼一样，其消化系统高度适应食肉。狼是食肉动物家族灰狼（*Canis lupus*）的成员。家犬也属于食肉动物家族，被称为 *Canis familiaris*。在《食肉动物》（*The Carnivores*）一书中，作者（加纳大学生物学讲师）尤尔（R. F. Ewer）指出，“科学界一般认为家犬是从狼进化而来的，狼在身体结构和行为上都与野生物种最相似。这两者之间的差异微乎甚微，所以我们没有必要去假设一个既没有生存到今天，也没有留下任何已知化石的祖先野生物种与犬相对应。”

在所有哺乳动物中，食肉动物的消化道最短也最简单，这使得动物蛋白和脂肪容易被消化。它们的下颚可以像铰链一样张开，这样就可以完整地吞下大块肉。因此，食肉动物可以一次性大量摄食食物，然后休息到下一餐。它们的颚不是用来进行侧磨的，侧磨是为了充分粉碎谷物和蔬菜，以便充分消化食物。虽然我们的犬可能不再成群猎食，也无法狩猎大型猎物，但犬的身体仍然和它们的祖先狼一样，具有同样的营养需求。

表2.1显示了食肉动物、杂食动物和食草动物主要消化器官的差异。

表 2.1 哺乳动物消化器官的解剖结构差异

哺乳动物类型	食肉动物	杂食动物	食草动物
消化道	短	中	长
牙齿	锋利、锯齿状、刀片状的牙齿	扁平的臼齿和锋利的牙齿	坚硬扁平的臼齿
主要食物	肉类	肉类与植物	植物

动物蛋白

动物蛋白是犬的膳食的核心成分，蛋白质摄入对犬的健康至关重要。动物蛋白含有犬所需要的全部必需氨基酸。氨基酸营养对于犬的身体强健、皮肤毛发健康以及消化道健康都发挥着重要作用。犬短而简单的消化道，高度适应肉类的摄入、消化和吸收。犬的消化系统不像食草动物和杂食动物那样，能够发酵并消化谷物与蔬菜（更多内容参考本书第 3 章“蛋白质是犬最重要的营养素”）。

强有力的胃消化功能

犬消化食物的方式不同于杂食动物和食草动物。犬的消化道虽然短而简单，但犬胃里含有高浓度的盐酸。盐酸消化了犬摄入的大部分蛋白质、骨头和脂肪，并能够分解和杀死有害细菌。

很多人类吃完后有消化不良反应的食物，犬都可以吃。宠物健康与营养专家史蒂夫·布朗（Steve Brown）和贝丝·泰勒（Beth Taylor）在他们的著作《看斯波特更长寿》（*See Spot Live Longer*）一书中提到，犬胃里的“工业级”盐酸可以“溶解铁”[18]。因此，一份会让人生重病的老牛排，对犬来说，乃是一顿美味的晚餐。食物进入犬胃后，在胃酸中保持长达 8h 之久，然后少量的消化物质快速通过小肠。犬的消化道能够杀死细菌，并阻止它们繁殖。相比之下，人只需要 30～60min 就能让食物从胃部进入肠道，然后食物在小肠中停留 12～60h，这为细菌繁殖创造了良好的环境，从而易于引发更多的问题。

犬的消化系统解剖结构为犬提供其所需的保护，这使得犬高度适应食用猎物、饮用自然水体以及食用被细菌污染的食物。沙门氏菌、大肠杆菌等细菌以及其他食源性病原体，对健康的犬来说并不造成问题。这些病原体长时间停留在强酸性环境的胃中，在其快速通过小肠之前就已经失活了。

为什么犬粮中使用碳水化合物？

尽管犬的消化系统很简单，对肉、脂肪和骨头有着与生俱来的需求，但许多犬膳食的配制理念是基于犬与人类有着较为相似的消化系统。因此，人们认为犬需要碳水化合物提供能量和帮助消化。这种逻辑非常普遍，导致许多自制犬膳食的食谱通常与商品粮中广泛使用的成分没有太大的区别。犬膳食的配制倾向于遵循相似比例的动物蛋白、碳水化合物和脂肪。然而，在商品犬粮中普遍添加碳水化合物的主要原因是成本问题。添加到商品加工犬粮中的谷物比肉类便宜得多，而且保质期更长。

在某些特殊情况下，犬可能需要碳水化合物；然而，大多数情况下，碳水化合物可以不添加，或在犬粮配方中的含量保持在 25%以下（更多关于减少膳食中碳水化合物需求的信息，请参见第 4 章“真实发生的犬粮低碳水化合物革命”）。

犬粮中不该含有蔬菜吗？

在过去十年时间里，人类的餐饮革命围绕着水果和蔬菜的重要性以及减少食肉来展开。因此，对于一些犬主来说，重新接受有些食材对人体健康有益但不适用于犬的事实是比较困难的。我们所了解的一些关于人类营养的理论知识确实适用于犬，但也有很多并不适用。例如，生的、未加工的、新鲜的食物对人和犬都有好处。然而，犬不像人那样可以从水果和蔬菜的摄取中获益，犬需要动物蛋白和脂肪来保持健康。

就像它们的祖先狼一样，犬不需要消化那些要发酵或进一步分解的食物。如前所述，它们的身体是高度适应动物蛋白和脂肪摄取的。蛋白质与脂肪在胃中被彻底消化，然后进入小肠。在小肠中，蛋白质所含必需氨基酸被解离，脂肪中的脂质被分解。如果爱犬的膳食中添加了大量水果、蔬菜和谷物等植物成分及纤维素，会引起爱犬胀气、胃部不适、过量排遗和粪便的强烈异味。犬的膳食中可以接受添加一些蔬菜，然而，对于大多数犬来说，蔬菜含量不应该超过总食量的 25%（关于喂养宠物的食谱和更多信息，请参见第 2 部分“自配辅食饲喂爱犬”）。

第 3 章　蛋白质是犬最重要的营养素

蛋白质：犬的超级食物

犬是食肉动物，其消化系统能够消化大量的生肉和脂肪。因此，犬的营养遵循其在自然环境的摄食是合理的。

蛋白质是食肉动物膳食的主要成分，也是犬膳食中发挥至关重要作用的营养素。蛋白质对保持犬的器官和组织健康、强化免疫系统、保养皮肤和毛发的光泽发挥着重要的作用。最近的研究证实，高水平蛋白质的摄取对于犬来说不仅有益，而且是必需的。这一原理适用于所有年龄阶段的犬——从发育中的幼龄犬到老年犬，都有必要补充蛋白质。那么，什么是蛋白质？犬需要什么样的蛋白质？

当人们想到蛋白质时，就会想到肉、鱼、蛋和乳制品，所有这些都是优质蛋白的绝好来源。谷物和蔬菜也含有蛋白质，但是，对于犬来说，并非所有的蛋白质都具有等同的功效。

氨基酸*

蛋白质（表 3.1）由氨基酸组成，氨基酸包括必需和非必需氨基酸两类（表 3.2、表 3.3）。必需氨基酸必须存在于犬的膳食中，并且含量必须充足，这样的膳食才能真正地做到“营养均衡而全价”。如果你的爱犬没有从膳食中获得充足的非必需氨基酸，犬自身可以很好地合成那些非必需氨基酸，以满足身体的基本需要。

表 3.1　蛋白质的对比

蛋白质消化率	
鸡蛋蛋白：1.00	鱼肉：0.78
瘦肉	米饭：0.72
（鸡肉、牛肉、羊肉、猪肉）：0.92	燕麦：0.66
器官	小麦：0.64
（肾脏、肝脏）：0.90	玉米：0.54
牛奶、奶酪：0.89	

注：表 3.1 列出的数据是近似值，这些数据源自多个营养学术研究，以及与多位营养学家的私下交流。

* 参见本章表 3.2 和表 3.3 的必需和非必需氨基酸。

表 3.2　必需氨基酸

精氨酸	赖氨酸	苏氨酸
组氨酸	蛋氨酸	色氨酸
异亮氨酸	苯丙氨酸	缬氨酸
亮氨酸	牛磺酸	

表 3.3　非必需氨基酸

丙氨酸	谷氨酸	脯氨酸
天冬酰胺	谷氨酰胺	丝氨酸
天冬氨酸	甘氨酸	酪氨酸
肉碱	羟赖氨酸	
半胱氨酸	羟脯氨酸	

如果我们看一下所有氨基酸的清单和它们长长的学名，也许足以让我们相信，犬的营养真的是一个复杂的问题！然而，你不需要知道它们所有的名字，你也不需要知道你的犬需要多少。为何呢？原因在于，犬每天主要的膳食中含有充足的所有氨基酸。

并非所有的蛋白质都具备相同的功效

蛋白质的品质取决于其所含有的必需氨基酸的数量和种类。一种蛋白源所含有的氨基酸越多，对犬来说就越容易消化，或者说“生物可利用度”越高。含有所有氨基酸的动物蛋白被认为是“全价”蛋白源。植物蛋白则属于“非全价”蛋白源，因为植物蛋白源缺少重要的氨基酸——左旋肉碱和牛磺酸。

衡量蛋白质质量的标准是鸡蛋，鸡蛋含有犬所需的所有氨基酸。

仅次于“完美蛋白”鸡蛋的蛋白源是动物的肉和内脏。植物蛋白的消化率可能低至 45%。相较于动物蛋白，即使犬摄食 2 倍量的植物蛋白，仍然不能获得其需要的所有氨基酸。这就是饲喂植物蛋白的问题所在。很遗憾，无法通过提高植物蛋白的用量来弥补蛋白源的品质。

最好的营养选择是给犬饲喂动物蛋白。和人一样，犬的自制辅食比商业加工犬粮和快餐更有营养。当涉及为你的犬提供所需营养的问题时，有些因素会影响肉及其含有氨基酸的质量和消化率。

当人们意识到烹饪热加工会改变并破坏膳食中的营养素和酶的组成时，人类的生食运动得以进行。研究表明，食物经高温和长时间的热处理会改变食物的氨基酸链，使犬难以获得和消化必需氨基酸。在许多情况下，高温会破坏蛋白质或损害蛋白质的品质。烹饪的时间越长、温度越高，蛋白质能发挥的作用就越弱[19]。

虽然杂食动物有必要吃一些经过较长时间高温熟化的食物，但食肉动物的消化道高度适应生肉的消化。我们可能不会每晚都吃生肉，但我们的犬需要生肉来保证健康成长。

我们已经认识到罐装犬粮以及犬干粮存在过度熟化的问题，且高纤维含量使得犬难以消化。如果在熟化之前，检查这些食物中的成分品质，就不难理解很多加工犬粮中蛋白质受到了破坏；即便破坏轻微，也降低了蛋白质的品质。

植物蛋白不能满足犬的营养需求，同样，喂养大量低品质蛋白质也不能满足犬的营养需求。劣质蛋白质不仅在营养上不能满足犬的需求，而且会产生许多其他问题。例如，劣质蛋白质会对犬的肝脏和肾脏造成负担，随着时间的推移，导致器官缺陷问题出现，即使最健康的犬也无法幸免于罹患疾病。一些犬主试图通过超量饲喂爱犬来弥补犬粮质量上的问题，但这会导致肥胖和其他健康隐患。

犬需要新鲜优质的肉类蛋白，但这并不意味着必须在超市的肉类货架上为爱犬购买这些食材。犬主可以通过富有创造力而且相对廉价的方法帮助爱犬获得所需的营养。

蛋白质与器官健康

当犬主喂养小型犬、老年犬和罹患肝肾疾病的犬时，普遍的做法是限制蛋白质的摄入。然而这种观点缺乏科学证据的支持。

克洛菲尔德（Kronfeld）博士在犬的营养方面进行了许多开创性的研究，他发现年龄较大的犬和肾脏受损的犬可以轻松消化高质量的蛋白质，从而打破了上述根深蒂固的理念。他发现，年龄大的犬实际上要依靠高品质的蛋白质才能获得健康的生活。如果蛋白质摄入量足够高，这些蛋白质会杀死肾脏中的细菌，并创造一种酸性条件，促进器官健康，从而对抗犬身体系统中的细菌感染[20]。克洛菲尔德博士对只有一个肾脏的犬进行了多年测试，发现高蛋白膳食不但不会对犬有害，反而会增加它们的存活机会[21]。

蛋白质与老龄犬

富含蛋白质的膳食对老年犬尤其重要。老年犬对蛋白质利用率较低，因此需要更多的蛋白质以补偿身体中营养的流失。研究表明，健康的高龄犬可能需要比健康的低龄成犬多摄入 50%的蛋白质[22]。其他研究也发现，与推荐低蛋白配方喂养的犬相比，长年喂食高蛋白食物的高龄犬体内具有更多的肌肉和更少的脂肪[23]（关于如何饲喂高龄犬的更多细节，请参见第 18 章“老年犬的膳食护理”）。

蛋白质与幼龄犬

幼龄犬和其父母一样，需要高品质的蛋白质来保证自身的健康成长。蛋白质摄入不足有害无益。目前尚无证据能够证实过量的蛋白质对成长中的幼龄犬有害。我们将在第 16 章“幼犬的膳食护理”中了解更多幼龄犬的膳食需求。

我该如何饲喂？

蛋白质种类多样性是很重要的！选择单一的蛋白质并不能提供健康所需的多样性，犬需要不同蛋白质的平衡来达到最佳健康状态。虽然植物蛋白能够提供纤维、某些维生素和矿物质，但只有动物蛋白才能提供犬保持最佳健康状态和长寿所需的全部氨基酸。除了优质蛋白质，犬还需要脂肪、钙和一些纤维来维持全面均衡的膳食。我们将在第 2 部分“自配辅食饲喂爱犬”中讨论如何平衡犬的膳食，在这部分中我们也会推荐食谱。

对犬来说最好的全价蛋白源

瘦肉
家禽肉
内脏
乳制品（酸奶、农家鲜干酪）
鸡蛋

小结

给犬饲喂蛋白质的五个基本原则：

1. 千万不要吝啬蛋白质的用量！
2. 始终使用全价的动物蛋白。
3. 避免使用质量有缺陷的蛋白质（动物蛋白、谷物或淀粉加工而成的蛋白质）。
4. 植物蛋白不能代替动物蛋白。
5. 除非经常在犬膳食中加入生鲜的肉骨头，否则在饲喂爱犬时，有必要添加钙补充剂。关于钙需求更详细的内容，请参考本书第 6 章“矿物质的平衡摄入”。

你能给犬喂养的最好辅食就是优质的动物蛋白。喂食各种完整的动物蛋白可以确保给犬提供多种氨基酸。这种膳食会让犬保持健康、快乐和满足（关于肉在犬膳食中重要性的更多信息，请参见第 20 章“犬对动物蛋白的刚性需求”）。

第4章 真实发生的犬粮低碳水化合物革命

低碳水化合物还是无碳水化合物?

如今走进任何一家超市,你都会看到一大堆标有“低碳水”标签的人类食品。然而当你移步到犬粮货架处时，低碳水化合物的犬粮却无处可寻。犬才真正需要“低碳水”的食品。

谷物和碳水化合物中的淀粉及纤维素对人和食草动物有用。没有它们，人和食草动物很难消化和排泄他们摄入的所有食物。

> 从蜂蜜到牛奶，碳水化合物无处不在，但我们最常想到的是谷物和蔬菜。

然而，犬的情况有所不同。由于缺乏咀嚼能力、长消化道和唾液中的淀粉酶，犬很难消化高碳水化合物的膳食。碳水化合物往往会在犬的消化道中停留更长时间，这种情况下，消化过程减缓，会引起犬的大肠痉挛和应激[24]。

膳食中淀粉含量过高会引发以下症状：粪便过量、恶臭、脱水、胀气和肠应激综合征。长期来看，碳水化合物摄取过量会明显降低犬的生活质量，并可能导致并发症。

如果给犬喂食碳水化合物含量过高的膳食，其粪便状况会让你知道爱犬的消化系统是否处于应激状态。肠道应激的爱犬有过量排便、水分含量高并伴有恶臭的症状。

美国国家研究委员会（NRC）制定的犬粮营养标准中没有列出犬对碳水化合物的需求量。然而，这个标准却包括一长串的氨基酸、脂肪和一些特定的矿物质，所有这些营养素都可以在多种动物蛋白源中找到，这些蛋白源包括肉、骨头、内脏、乳制品和鸡蛋，这些食材应该是每只犬的食谱的主体。

犬粮中都有什么?

犬粮中使用的碳水化合物主要包括玉米、小麦、土豆、大米、燕麦、大麦、麸皮、豌豆、甜菜粕、花生壳、纤维素和植物胶。商品犬粮通常是用大量的上述谷物和其他碳水化合物制成的。然而，这里面临一个重要的问题是，大量使用谷物和其他碳水化合物制作犬粮的背后是否有任何科学依据来支持犬对碳水化合物营养的需求[25]。

> 虽然犬粮公司宣传谷物是蛋白质的良好来源，但事实上犬不具备消化和利用来自碳水化合物的蛋白质的能力。

阅读犬科营养书籍或许并不会启发读者，反而让读者更加困惑。这类书籍中介绍大多数商品犬粮包含 60%的碳水化合物，碳水化合物是膳食中必不可少的一部分；然而，在所有的参考书上，我们无法获得犬到底需要多少碳水化合物的数据。事实上，这个问题仍然存在诸多疑惑与迷茫。下面这段话摘自 1978 年一篇关于爱犬喂养的文章："从生理学上讲，碳水化合物对犬猫是必不可少的；然而，它在膳食中并不重要"[26]。我们只能从这个"神秘"的描述中得出结论，即犬本身可以合成碳水化合物，就像非必需氨基酸一样。这篇文章后面的表述令读者更加费解，指出"事实上，在犬猫的膳食中，碳水化合物通常无关紧要，因为大多数商品粮中都至少含有中等水平的碳水化合物"。这个奇怪的逻辑似乎在说，碳水化合物始终存在，但你的犬不需要这种东西，因此碳水化合物并不重要[27]。

犬粮公司说他们使用高纤维碳水化合物来帮助犬的消化。然而，如果他们真的想提供营养丰富的纤维，为什么不添加像蔬菜泥这样的成分呢？蔬菜泥至少可以给犬提供一定程度的营养。当然，与高品质的动物蛋白一样，商品犬粮经过漫长而密集的加工过程，蔬菜泥中的营养并不能百分百保持。在加工犬干粮和罐装犬粮时，犬粮生产企业实际上需要添加营养物质来满足营养标准。

卡梅隆的故事

卡梅隆（Cameron）被救时只有一岁半。它从三个月大的时候就患上了皮肤衰弱性蠕形螨病，犬主负担不起它的医疗费用，就把它转移到一个农村收容所接受安乐死。卡梅隆一生大部分时间都处在持续的痛苦之中，它的脸上和爪子上都有明显开放的溃疡。

在宠物医生的治疗下，卡梅隆接受了低碳水化合物到无碳水化合物的膳食，从无谷犬粮和零食逐渐过渡到生食。从那以后，发生了戏剧性的变化，卡梅隆的皮肤状况得到很大的改善，几个月来没有出现结痂。卡梅隆是合理膳食改变爱犬生活质量的鲜活例证。

碳水化合物的危险

给犬饲喂过量的碳水化合物实际上是有害的。克洛菲尔德博士指出，过多的纤维摄入实际上是很危险的。他在《犬的家常菜：主食、肉类、肉类副产品和谷物》（*Home Cooking for Dogs, the Staples, Meat, Meat by-Product and Cereal*）一书中引用了雪橇犬比赛的例子，这些雪橇犬被喂食大量纤维以保持能量水平，最终患肠出血症。克洛菲尔德博士意识到纤维可能会导致结肠和直肠出现疾病；其他研究将碳水化合物和谷物与许多健康问题联系起来，包括关节炎、过敏和癫痫等[28]。

犬不能消化纤维中的纤维素，淀粉则会减少钙、镁、锌和铁的吸收。这两者都会使犬变得昏昏欲睡，并阻碍机体内蛋白质的消化[29]。克洛菲尔德博士指出，犬科动物吃肉和脂肪已经有一万年的历史，吃纤维和碳水化合物只有一百年的时间。我们只能猜测，没有纤维和碳水化合物，犬也能保持良好的身体状态[30]。

犬吃粪便：最令主人不悦的问题

许多人都有看到过犬吃另一只犬粪便的不愉快经历。前一分钟你正在公园散步，后一分钟你就发现你的犬正在吃一些不应该吃的东西。为什么会这样呢？

记住，给那些喂食无碳水化合物膳食的犬增加蛋白质和脂肪，以促进糖异生（脂肪转化为葡萄糖）。

这个情况通常可以追溯到碳水化合物。当犬消化谷物时，肠道中重要细菌的储备会耗尽，导致维生素 B、维生素 K 等基本维生素随粪便排出。当你的犬吃另一只犬的粪便时，它可能在试图找回膳食中缺失的细菌和酶。碳水化合物更难消化，可能只消化一部分后就通过犬的身体系统排出。这也可能会让你的爱犬更容易吃粪便。

在犬的辅食中添加消化酶、益生菌和复合 B 族维生素可能有助于抑制犬吃粪便的欲望。减少或摒弃饲喂碳水化合物给爱犬，会使犬减少对粪便的兴趣。犬会认为粪便也没有那么“开胃”，因为食物已经被犬完全消化了。

粪便通常是 1/4 的固体物质和 3/4 的水分。富含碳水化合物（如谷物）的膳食往往会导致粪便中水分含量的升高，从而导致爱犬脱水。然而，富含生肉和骨头的膳食会产生更少量、更加干燥的粪便，粪便气味也相对温和。犬吃的谷物越少，有益酶和细菌就越多，这确保了犬排出的粪便状况较好，且几乎没有异味。这也有助于确保犬不必去寻找其他犬的粪便来获得这类营养。

犬需要饲喂碳水化合物吗？

宠物医生经常告诉犬主，高纤维膳食对于患有便秘型肠易激综合征或其他胃部疾病的爱犬很有帮助。然而这个建议更多的是基于对人类消化系统的理解。事实上，给犬喂食这种类型的膳食更有可能导致肠易激综合征的发生。持续的高纤维食物能够使小肠一直处于刺激和炎症状态。因为纤维会在大肠的残渣中吸收水分，高纤维膳食可能会减少犬排便量，但肠胃疾病仍然存在。还有另外一种选择，一些专家建议胃有疾病的犬吃一种清淡和低纤维的高营养膳食[31]。

克洛菲尔德博士的报告指出，以下两种情况下，犬可能需要碳水化合物：刚断奶的幼龄犬（碳水化合物占 12%）；需要三倍于正常血糖周转率才能产奶的哺乳期母犬。在这些情况下，果肉蔬菜是最有营养的选择。克洛菲尔德认为，断奶后“你可以不再喂食碳水化合物，因为犬的身体可以从其他来源获得它所需要的所有营养素”[32]。

通常认为母犬在整个孕期和分娩后都需要碳水化合物。然而，20 世纪 80 年代完成的对怀孕和哺乳期的母犬的研究表明，当给母犬喂食无碳水化合物的膳食时，其体内的蛋白质和脂肪水平会增加，在产仔过程中的表现更好。这些犬仍然能够大量产奶，它们的幼崽存活率与喂食碳水化合物的母犬相当[33]。还有其他一些需要碳水化合物的状况，我们将在第 3 部分“解密犬慢性疾病的处方粮”中介绍更多。

即使碳水化合物没有给犬提供太多的营养，在膳食中加入少量蔬菜泥也是无害的。如果你用生鲜的肉骨头来饲喂，犬主不需要添加任何碳水化合物，生肉骨头可以提供犬所需的纤维。如果你喂的是自家烹饪的膳食，就需要添加蔬菜泥来增加纤维；然而碳水化合物总量不应超过膳食总量的 25%。添加更多的纤维会增加粪便量，犬可能需要更多的能量来消化这类膳食，所以要提防摄入过多的纤维。

能 量 问 题

在犬粮中使用谷物的最后一个理由是碳水化合物是一种能量来源。许多犬科营养书籍告诉我们，谷物中的葡萄糖是保持耐力、持久力和表现力所必需的，这也同样适用于人。而与人类不同，如果给予犬足够高的脂肪剂量，犬会在肝脏中将脂肪转化为葡萄糖。喂食高水平蛋白质（50%）和脂肪的犬很容易完成这样的转化，蛋白质和脂肪会成为让犬充满活力的关键，而不是碳水化合物。

第 5 章　脂肪与犬的健康

脂肪需要量

现代人对于犬的体重和膳食的理解存在一个误区。很多犬主可能很难接受一个对犬的健康至关重要的事实，那就是：犬需要脂肪，且需要大量的脂肪！

如果我们想把犬养得健康强壮，就必须改变对脂肪的认知，并认同犬需要脂肪来维持健康的事实。脂肪对犬的作用与其对人类有所不同。脂肪摄入过多，人类可能罹患心脏病或导致胆固醇阻塞动脉，但犬不同。食肉动物具有独特的解剖结构和消化系统，高度适应大量脂肪和动物蛋白的消化、吸收，这与人类消化系统有较大的区别。

脂肪对犬的健康至关重要，这是因为：

- 脂肪是吸收脂溶性维生素所必需的；
- 脂肪可以御寒；
- 脂肪可以保护体内的神经纤维；
- 脂肪可以保护并维持心脏、肝脏和肾脏的功能；
- 脂肪可以维持皮肤和皮毛健康；
- 脂肪可以消炎；
- 每克脂肪提供的热量高于碳水化合物和蛋白质；
- 脂肪可以改善犬粮的风味和适口性；
- 脂肪可以满足食欲；
- 脂肪是必需脂肪酸很好的来源。

犬需要的脂肪种类

对犬来说，脂肪是非常重要的营养素！动物源性脂肪对犬最有益，具体来源包括鱼油、全脂酸奶、鱼罐头和肉类。犬可以利用动物源性脂肪来获取能量、保暖、保持水分、给器官供能、保持皮肤和皮毛健康。与人不同，犬可以消耗大量的脂肪，而无须担心会被胆固醇、动脉硬化或血管内斑块形成所困扰。

这里需要重点强调的是，饲喂犬的脂肪必须是新鲜的。犬天生就有强大的胃功能和消化酶来消化脂肪，但酸败或劣质的脂肪对犬有害。同样重要的是，犬主需要保证犬可以从膳食中获得足量的脂肪。脂肪不足可能对犬的重要器官和整体健康造成严重的危害。

欧米迦 3（Omega-3）脂肪酸

脂肪是必需脂肪酸的来源，而脂肪酸是犬膳食中很重要的一部分。犬的膳食中必须含有足量的、优质的脂肪以维持一定的脂肪酸水平。酸败的脂肪或低质量的脂肪会导致必需脂肪酸的缺乏。犬的皮肤、毛发质量差就是缺乏必需脂肪酸的常见症状之一，具体表现为皮肤瘙痒、皮炎和皮脂溢等症状。

对于犬来说，最重要的两类脂肪酸是欧米迦 6（Omega-6）脂肪酸和欧米迦 3 脂肪酸。近年来，人类膳食中这两类脂肪酸的摄入量都很高。这两类脂肪酸对人和犬都有非常多的裨益。

欧米迦 6 脂肪酸天然存在于动物脂肪和植物中。动物来源的欧米迦 6 脂肪酸主要来自于鸡肉、猪肉等蛋白质，还有一小部分来自于牛肉。大量的欧米迦 6 脂肪酸来源于植物，橄榄油、红花油、玉米油、椰子油等植物油都是欧米迦 6 的重要来源。如果犬主平时饲喂犬的食物中含有足够的欧米迦 6 脂肪酸，就不需要再额外补充饲喂欧米迦 6 了。过量的欧米迦 6 和欧米迦 3 脂肪酸会导致炎症、过敏、毛发黯淡无光和皮肤问题等。

欧米迦 3 脂肪酸在我们日常饲喂犬的食物中含量有限，其最佳来源是鱼油。鱼油主要含有 EPA（二十碳五烯酸）和 DHA（二十二碳六烯酸）两种欧米迦 3 脂肪酸。优质的鱼油混合了鲭鱼油、沙丁鱼油、鲱鱼油和鲑鱼油。海水鱼中的油性鱼类可以产出最优质浓缩欧米迦 3 的鱼油。欧米迦 3 脂肪酸也存在于其他海洋资源中，螺旋藻和蓝绿藻也是欧米迦 3 脂肪酸的重要来源。由于犬很难从日常膳食中获取足够的欧米迦 3 脂肪酸，因此强烈推荐犬主为爱犬补充优质、易于吸收的欧米迦 3 脂肪酸。

亚麻、大麻、椰子、玉米和芝麻等植物含有以 α-亚麻酸（ALA）形式存在的欧米迦 3 脂肪酸。这种 α-亚麻酸必须先在体内转化为可吸收的欧米迦 3 脂肪酸，然而大多数犬无法完成这一转化过程。因此，动物油（如鱼油，尤其是三文鱼油）是给犬补充欧米迦 3 脂肪酸的最佳方式[34]。

鱼肝油或许也是欧米迦 3 脂肪酸的较好来源，但不同的是，鱼肝油中维生素 A 和维生素 D 相比于欧米迦 3 脂肪酸含量更高，前两者在犬的食物中是充足的，一般情况下不需要额外补充，因此不建议在犬的膳食中补充鱼肝油。

对于犬来说，脂肪酸有助于控制炎症、预防心脏病、治疗癌症。此外，脂肪酸对肾脏有益，可以辅助治疗肾脏疾病。脂肪酸的抗炎作用也对关节炎、骨病、皮肤疾病（如皮炎）和胃肠道疾病（如急性肠炎、结肠炎）有益。

欧米迦 3 脂肪酸比较不稳定，当暴露于热、光和氧气中，或被加工成粉状的过程中都可能会失活。因此，为了保持欧米迦 3 脂肪酸结构及功效的完整性，建议选择鱼油胶囊而非罐装鱼油。

除了给犬补充欧米迦 3 脂肪酸外，维生素 E 也有助于犬更好地吸收脂肪酸[35]。

表 5.1 列出了含有两种重要脂肪酸的食物、补充剂及适配比例。

表 5.1 欧米迦脂肪酸[36]

	欧米迦 3 脂肪酸	欧米迦 6 脂肪酸
来源	鱼油（如三文鱼油）、螺旋藻、蓝绿藻	鸡肉、猪肉、牛肉；橄榄油、红花油及其他植物油
是否需要补充	是	否
适配比例	欧米迦 6∶欧米迦 3 约为 5∶1 至 10∶1	

给犬设计减肥餐

当犬过于肥胖时，我们倾向于按照控制人类体重的方法给犬提供低脂肪膳食，因此商品化低脂、高纤维犬粮较为常见。令犬主感到遗憾的是，当用来满足食欲和能量需求的脂肪从爱犬膳食配方中被移除后，爱犬时常感到饥饿和疲惫。纤维可以提供卡路里，但消化高纤维食物又会消耗更多能量。如果犬需要减肥，你只需要减少喂食量（而无须改变膳食配方）！通常，减少 10%的食物量就足以缓解犬的肥胖。

犬不能正常消化脂肪的表现

犬不能正常消化脂肪的表现包括粪便异味、腹泻及脱水等症状。这时犬通常会排出软便，粪便颜色较浅且可见大量黏液，常见于食用熟制的脂肪，或者食用的商品犬粮保存时间过长、打开包装时脂肪已经变质的情况下。犬不能正常消化脂肪可能存在许多更为严重的原因，最常见的原因是肝病、胰腺疾病（胰腺炎或其他疾病）、库欣综合征和糖尿病。如果补充或改变膳食不能让犬的症状有所好转，请及时咨询宠物医生。

小结

给犬饲喂脂肪时，需要注意三个方面。

1. 经常在犬的膳食中加入优质的新鲜脂肪，包括动物脂肪（全脂酸奶、鱼罐头、肉和鸡蛋）、鱼或三文鱼油胶囊。劣质脂肪或酸败脂肪对犬都有危害。

2. 如果犬需要减肥，不要减少膳食中的脂肪含量，只需要减少食物饲喂量即可。

3. 如果犬对脂肪有不良反应，如排软便或粪便有强烈的异味，则需要减少脂肪或食物的饲喂量；如果这种情况并未得到好转，则表明爱犬存在更严重的健康问题，需要及时与宠物医生确认。

脂肪对犬的健康至关重要，欧米迦 3 脂肪酸的摄取更是犬膳食的重中之重。欧米迦 3 脂肪酸的充分摄入对于能量、抗炎、支持免疫系统、保证健康的皮肤和皮毛，以及支持肾脏、心脏和肝脏功能都至关重要。犬主可以通过每周多次给爱犬饲喂鱼罐头来供给欧米迦 3 脂肪酸，然而提供足量欧米迦 3 脂肪酸最有效的方法是以每天 4.5～9kg 体重 1 粒的剂量给予犬含有 EPA（二十碳五烯酸）的鱼油胶囊。

犬主需要始终牢记，脂肪是犬的朋友而并非敌人！

第 6 章　矿物质的平衡摄入

矿物质营养简述

矿物质可以让犬保持健壮，这与人类一样。然而明确犬需要什么样的矿物质，以及何时补充矿物质的问题比较复杂。常见的矿物质营养问题包括：我们如何判断犬是否获得了全部所需的矿物质？应该补充或避免何种矿物质？

犬确实需要相当多的矿物质才能保持健康，然而，大多数矿物质存在于日常的健康膳食中，因此无须额外补充。

在本章中，我们将了解犬营养需求中 11 种重要的矿物质，探讨犬为什么需要这些物质并为你答疑解惑，确保爱犬的膳食能够提供所有必需的矿物质。

快速参考

本章中的简表提供了 11 种关键矿物质的重要信息。

钙

钙是人体中含量最高的矿物质，可能也是最重要的矿物质。钙在维持犬的健康中也扮演着重要的角色。钙不仅有助于骨骼的强健和牙齿的健康，还可以通过支持心肌收缩辅助心脏功能，支持神经传递、肌肉生长和信号传递，并有助于激素分泌。

体内的钙平衡有赖于储存在骨骼和牙齿中的钙。骨骼和牙齿就像身体的“钙银行”。如果机体需要更多的钙而膳食供应不足，就会从“钙银行”中调动，直到膳食可以提供更多钙为止。虽然储存的钙有助于保持身体平稳运转，但钙缺乏会影响骨骼和牙齿的健康。在任何血钙缺乏的症状出现之前，犬的骨骼中可能已经失去了多达 30%～40%的钙了。这就是时刻保证犬的膳食能提供充足钙源的重要性。

想要利用蛋壳中的钙，可以简单地将其放置过夜晾干，然后用咖啡研磨器研磨成粉。1g 蛋壳粉大约能提供 300mg 钙。

维生素 D_3 也很重要，它有助于钙的吸收。这两种至关重要的营养素协同作用，不仅可以保证骨骼和牙齿的健康发育，还能为心脏、神经和肌肉提供额外的支持。我们将在第 7 章“维生素营养与营养补充剂”中详细讨论维生素 D_3 的重要性。

生鲜的肉骨头是钙的重要来源，也是犬最重要的矿物质来源。钙的次要来源是乳制品，如酸奶和白干酪。乳制品自身营养均衡，但不能提供足够的钙以平衡犬的膳食营养。

如果犬的食物中含有 40%～50%的生鲜肉骨头，那就不需要额外补充钙。

如果犬的辅食是在家里做的，或者是未经加工且不含生鲜肉骨头的，那就需要补充一定量的钙。

并非所有形态的钙都是一样的。如果你需要在犬的膳食中补充钙，碳酸钙是最好的选择，其次是柠檬酸钙。这两种钙都很容易被机体吸收，而且都比较经济实惠，在超市或药店就可以找到。

磨碎的蛋壳粉也可以用来补钙，这是一种既便宜又易于吸收的钙。只需要将蛋壳放置过夜使其干燥，然后用咖啡研磨器研磨成粉末即可。

不推荐将骨粉作为钙补充剂，因为骨粉中除了钙，磷含量也很高，且骨粉添加的剂量也不好精确计算。

当为爱犬饲喂自制鲜食或不含生鲜肉骨头的熟食时，钙的添加量取决于膳食的重量，而非基于爱犬的体重。这是出于犬对食物均衡营养的需要。每千克食物应该含有 1983mg 钙（每磅*含 900mg 钙）。当用蛋壳补钙时，1g 蛋壳粉就可以提供大约 300mg 的钙（表 6.1）。

表 6.1　钙

功能	来源	如何补充？	缺乏症
保持骨骼、牙齿健康 激活消化酶，激活身体产生能量 促进血凝，促进神经冲动的传递 调节肌肉和心脏的收缩 促进维生素 B_{12} 吸收	生鲜肉骨头 奶酪 酸奶 干酪 沙丁鱼罐头 鲭鱼罐头 三文鱼罐头	只有当犬的食物是在家里做的，而且不含骨头时需要补钙。如果是这样，可以通过补充碳酸钙、柠檬酸钙，或者通过添加蛋壳粉补钙，每千克食物添加 1983mg 钙	心脏、骨骼和牙齿出现问题

如果犬的膳食中含有大量的纤维，那么可能需要增加钙的添加量，因为谷物和一些植物中含有阻碍钙吸收的植酸盐。

商品犬粮中的钙含量是适合犬生长发育的，因此如果饲喂商品犬粮，就无须添加额外的钙。

什么时候应该在犬的膳食中补充钙？

- 当犬饲喂不含骨头的自配熟食时，需要补钙。

---

* 磅，lb，1 lb≈0.45359kg。

- 当犬饲喂不含有生鲜肉骨头的鲜食时，需要补钙。
- 如果饲喂以上两种食物中的一种，则每千克食物需要添加 1983mg 钙。犬主需要关注膳食中的维生素 D_3，因为其可保障钙的正常吸收。

什么时候不应该在犬的膳食中补充钙?

- 当饲喂爱犬的鲜食中含有 40%～50%易吸收的生鲜肉骨头时，不需要补钙。这些骨头包括鸡脖子、鸡架、鸡翅、鸡腿、猪排、猪颈、羊排和火鸡脖子。应直接以鲜食的形式饲喂给爱犬，不要对这样的骨头进行热加工，否则骨头会变得硬脆，也可能会碎裂。
- 如果犬饲喂商品犬粮，则不需要补钙，因为商品粮中已经含有合适剂量的钙。

犬什么时候最需要钙?

- 怀孕阶段。怀孕母犬必须获得所需要的钙，同样还需要维生素 D_3、欧米迦 3 鱼油胶囊和叶酸。
- 幼年阶段。在生长板闭合之前，幼犬需要获取适量的钙。
- 老年阶段。老年犬需要更多的钙，同时也需要高质量蛋白质。

磷

磷是除钙之外，体内含量最丰富的第二大矿物质。磷在肌肉组织中非常丰富。和钙一样，磷也存在于生鲜肉骨头中。生鲜肉骨头是磷的最佳来源（表 6.2）。

表 6.2　磷

功能	来源	如何补充?	缺乏症
保持骨硬度 促进脂肪和碳水化合物的利用 肌肉舒张 促进矿物质进出细胞 促进脂肪在循环系统中的运输 有利于维持机体 pH 缓冲系统	乳制品 肉类 鱼类 谷物	不需要！相比于磷缺乏，磷过剩是更为严重的问题	机体基本上不会缺磷。膳食中的磷过剩更有可能成为问题，甚至可能引起骨病

然而，磷的问题通常是含量过多，而不是过少。因为磷会与钙结合，过多的磷会耗尽犬存储在体内的钙，从而导致一些严重问题的发生。因此，钙磷平衡非常重要。钙和磷一起发挥作用，需要在犬的系统中维持 1∶1 平衡。

大多数食物中含有大量的磷，但钙含量很少，因此常见的问题是磷过多而钙过少。了解合适的钙磷平衡及恰当的补钙时机非常重要，而且非常有必要。如果饲喂爱犬的鲜食中含有 40%～50%易消化的生鲜肉骨头，犬膳食中的钙磷比是合适的。

如果犬饲喂不含生鲜肉骨头的自配膳食，那么食物中应该已经含有充足的磷，因此不需要补充磷，但需要补钙。

碘

碘对甲状腺有益，可以促进甲状腺功能。如果每天大量喂食芥末、草莓、桃子、卷心菜、花生、菠萝和萝卜等食物，可能会影响甲状腺的功能。如果犬患有甲状腺疾病，请限制犬膳食中上述食物的分量（表 6.3）。

表 6.3　碘

功能	来源	如何补充？	缺乏症
对甲状腺有益	海藻 螺旋藻 红藻 鹿角菜 鱼类 贝类	在食物中添加海藻等	甲状腺肿大，一种不甚美观的甲状腺疾病

铁

在所有矿物元素中，铁元素最难达到动物的需求量。因为犬的天然食物中有大量的肉类，满足犬对于铁的需求并不是一个大问题。

犬可从动物蛋白中获取铁，其最佳来源是红肉（如猪肉、牛肉、羊肉等哺乳动物的肉）和鸡蛋（表 6.4）。如果怀疑犬贫血，请及时咨询宠物医生。

表 6.4　铁

功能	来源	如何补充？	缺乏症
细胞再生 对抗贫血	肉 肝脏 禽类 蛋类	仅在犬膳食中缺乏时补充	精神萎靡、无力 狂躁 吞咽困难 心脏病 牙龈苍白

钾

钾缺乏症通常是由于使用类固醇类药物或利尿剂引起的，这两类药物都会消耗犬体内储存的钾。钾和钠也存在协同作用，所以保持这两种矿物元素的平衡非常重要。

和大多数矿物元素一样，大量的钾存在于未经加工的食物中（表 6.5）。除非宠物医生特别要求，否则不需要补充。

表 6.5　钾

功能	来源	如何补充？	缺乏症
维持细胞-体液平衡 促进葡萄糖转化 有利于神经传递 有助于肌肉收缩 促进激素分泌	乳制品 肉类 鱼类 禽类	只在宠物医生特别要求时补充	精神萎靡 肌肉无力 肌肉痉挛 心跳过速

锌

应激和疾病会消耗犬体内储存的锌，类固醇类药物和利尿剂也会干扰锌的吸收。一旦缺锌，犬会很快表现出缺乏症，这一点与很多其他矿物质不同。

过多的锌会影响体内铜的水平，因此，如果犬主确实需要给犬补锌，一定要谨慎。同样的情况是，犬体内铜过多也会阻碍锌的吸收。如果补锌，需要注意锌和铜同时发挥作用，两者要互相平衡。因此，在补充锌或铜之前，请先咨询宠物医生。

虽然锌存在于一些谷物中，但肉蛋中的锌更容易被吸收（表 6.6）。犬的膳食中只需要少量的锌，根据犬的体重，其需要量为 5～15mg 不等。

表 6.6　锌

功能	来源	如何补充？	缺乏症
促进免疫系统 促进葡萄糖转化 有助于神经传递 有助于肌肉收缩 促进激素分泌	鱼类 蛋类 肉类 禽类	只在宠物医生特别要求时补充	嗅觉下降（表现为食欲不振） 伤口愈合能力下降 视力下降 皮肤问题、脱毛

表 6.7～表 6.11 列出了犬维持健康所需的其他矿物质。如果你给犬饲喂的鲜

表 6.7　铜

功能	来源	如何补充？	缺乏症
有利于骨骼发育和弹性蛋白的生成 保护髓鞘完整性（神经覆盖） 促进铁吸收 有益于产生能量的酶 促进脂肪酸氧化 有益于产生黑色素（一种皮肤色素） 促进抗坏血酸（维生素 C）代谢	肉类 鱼类	不需要补充	不常见，但包括贫血和骨骼异常

表 6.8　铬

功能	来源	如何补充?	缺乏症
促进葡萄糖代谢 促进胰岛素生成	奶酪 肌肉 肝脏	不需要补充	肝脏吸收胆固醇和脂肪酸会出现问题，这可能导致脂肪在血液中累积

表 6.9　镁

功能	来源	如何补充?	缺乏症
有益于骨骼 有益于神经功能 有益于肌肉舒张	乳制品 肉类 鱼类	如果膳食平衡就不需要补充	失眠问题 情绪低落 神经系统问题，如癫痫

表 6.10　锰

功能	来源	如何补充?	缺乏症
有益于酶的产生和代谢 有益于骨骼的发育和再生 有益于神经功能 有益于肌肉舒张 降血糖	海藻，如海带、蓝绿藻、螺旋藻	不需要补充。食物足以提供机体所需的微量的锰	骨骼畸形 腭裂 发育不良 繁育障碍

表 6.11　硒

功能	来源	如何补充?	缺乏症
保护心脏和肝脏 治疗皮肤病 应对神经系统问题，如肌营养不良症 预防癌症	海鲜 动物内脏 肉类	很少会出现硒缺乏症，但如果出现，可以补充维生素 E，后者可以促进食源性硒的吸收和作用	繁育障碍 心脏问题 肌肉萎缩

食中含有种类繁多的食材，那么爱犬可以从食物中获取这些矿物质。因此，除非宠物医生特别要求，否则不需要补充这些矿物元素。提供丰富多样的食物对于犬获取所有必需矿物元素非常重要。

海　藻

看到以上这些矿物元素营养的内容，读者可能感觉满足犬对于所有矿物元素的需求是一项复杂的任务。其实只要保持均衡的膳食和适当的补充，保障犬快乐健康地生活并不困难。

海藻是矿物质和氨基酸含量最高的植物之一，也是获取微量矿物元素的最佳来源。和大多数植物相比，海藻更容易被吸收，被认为是犬的理想食物。海藻含有丰富的蛋白质（约 25%），且盐和脂肪含量较低（2%）。

营养丰富的海藻有很多益处，包括：

- 增强免疫系统；
- 供能；
- 使毛发和皮肤色素加深；
- 促进甲状腺功能；
- 提供额外的碘；
- 预防癌症，对抗肿瘤；
- 辅助癌症后治疗；
- 预防重金属富集；
- 辅助治疗糖尿病、高血压、心脏病等。

几个世纪以来，海藻一直是日本人的主菜。最近一段时间海藻在美国也流行起来，其对健康和长寿的诸多好处逐渐为人所知。曾经海藻只是某地特产，但现在大多数超市都会售卖海藻。

既然你已经了解了海藻的诸多好处，那么应该怎样食用呢？很多种海藻都是值得选择的，它们都富含抗氧化维生素和营养素，不但有益于身体健康，还有益于机体的各种复杂功能。通过给犬饲喂多种混合海藻的辅食，你可以确保犬获取了所需的必需维生素和矿物元素。表 6.12 罗列了多种海藻及海藻的诸多益处。

表 6.12　海藻

海藻	富含物质	功能
海带	维生素 A、B、B_{12}、E、D 和 K	去除重金属
蓝绿藻	碘	缓解胃和消化问题、胃炎和胃溃疡
螺旋藻	蛋白质（60%）	有益于甲状腺功能
鹿角菜	叶绿素（β-胡萝卜素）、必需脂肪酸、矿物元素、酶和维生素	有益于免疫功能
红藻	GLA（γ-亚油酸）	提高活力和耐力
	钙	缓解炎症
	镁	对抗癌症
	钾	净化血液
	铁	辅助治疗支气管和肺部疾病
	碘	强化指甲和毛发
	微量矿物元素	对抗病毒
		治疗贫血

如何利用食物补充各种矿物元素呢？

B-Naturals 是一家在网络上出售犬猫辅食补充剂的公司，它将不同种类的高效能海藻组合到一起，形成了一款名为 Berte 绿色复合补充剂（Berte's green blend）的产品。这种超能食物中含有研磨的海带、螺旋藻、鹿角菜、蓝绿藻、红藻、紫花苜蓿和芦荟，将矿物元素、微量矿物元素、维生素和植物营养素混合在一起，对犬的健康大有裨益，从而消除了关于补充营养的疑问。这个配方有益于促进皮肤和皮毛健康，有益于免疫系统，能够给犬提供能量和耐力，辅助预防关节炎、胃病、过敏和甲状腺疾病。这款产品尤其有益于老年犬。如果犬很健康，补充一部分 Berte 绿色复合补充剂也对保持犬的健康状态有益。

小结

大多数矿物质都可以从肉类、动物内脏、鱼类、乳制品等食材，以及由这些食材组成的自配健康辅食中获取。

只有在饲喂爱犬的自制膳食中不含生鲜的肉骨头时，犬主才需要定期为爱犬补钙。

要记住，钙和磷需要保持平衡，自制膳食中含有 40%～50%生鲜的肉骨头就可以为爱犬提供合适比例的钙磷。

锌和铜同样需要保持平衡。补充这些矿物元素时需要谨慎，尤其注意不要过量补充。不确定如何补充时，请咨询宠物医生。

海藻是微量矿物元素很好的来源。如果经常在食物中添加海藻，你就可以确保犬已经获取了所有必需的微量矿物元素。

第7章　维生素营养与营养补充剂

满足犬的营养需要

在犬的营养学范畴内，“营养补充剂”这个术语可以指代很多类别的产品，包括维生素、矿物质、草本植物、益生菌、消化酶、氨基酸等。简单来说，营养补充剂可以让犬充分获取所需的营养。

在过去十年里，每个类别的营养补充剂都获得了销售上的快速增长。这导致了市场上营养补充剂种类繁多，遍地开花，也引发了犬主一些常见的困惑。犬到底需要何种营养补充剂？我们应该给犬补充多少营养补充剂？我们应该按照怎样的频率使用营养补充剂？

营养补充剂使用起来并不难，但应注意不要补充过量。许多营养补充剂是以混合形式出售的，因此需要保持谨慎，仔细阅读说明以免补充过量。当你饲喂爱犬自制膳食时，如果食物中不含生鲜的肉骨头、抗氧化剂和欧米迦3脂肪酸，犬主通常需要为爱犬补钙，也可以根据需要添加益生菌和消化酶。本章我们将介绍犬需维生素的种类和特定时间，并告诉犬主如何使用这些知识来治疗一些常见犬病。

维生素

维生素是最受欢迎、最广为人知的营养补充剂，应该也是犬最需要的营养补充剂。维生素分为两类：水溶性维生素和脂溶性维生素。

水溶性维生素

水溶性维生素，如维生素B和维生素C，很容易从身体中排出，需要每日补充两次才能达到理想的效果（表7.1）。

维生素B

11种B族维生素对犬的健康至关重要。B族维生素有助于神经发育，有助于维持肾脏功能和胃肠道正常的肌肉张力，有益于眼睛和皮肤健康。B族维生素包括维生素B_1（硫胺素）、维生素B_2（核黄素）、维生素B_3（烟酸和烟酰胺）、维生素B_6（吡哆醇）、维生素B_{12}（钴胺）、叶酸、泛酸、生物素、胆碱、肌醇和PABA（对氨基苯甲酸）。补充B族维生素时最好不要单独补充一两种，最好混合起来一起补充，这样才能在体内共同发挥最佳作用。肉类、禽类、鱼类、动物内脏、蛋和绿叶蔬菜中都含有丰富的B族维生素。

表 7.1　水溶性维生素及生物黄酮类

维生素	来源	功能	每日剂量
维生素 B	动物内脏 蛋类 绿叶菜 肉类 禽类 鱼类	有益于神经发育 有益于肾脏功能 维持胃肠道肌张力 有益于视觉 维持皮肤健康	11.34kg 以下的犬：25mg* 11.34～22.68kg 的犬：25～50mg* 22.68～34.02kg 的犬：50～100mg* 45.36kg 以上的犬：75～100mg*
维生素 C	花椰菜 球芽甘蓝 羽衣甘蓝 卷心菜 欧芹 菠萝 草莓 菠菜 萝卜 宽叶羽衣甘蓝	合成胶原蛋白 有益于肾上腺功能 有益于淋巴细胞产生 对抗细菌和病毒 提高化疗药物的有效性 预防高血压和血清胆固醇 辅助伤口愈合 有益于抗应激激素的产生	11.34kg 以下的犬：100～250mg* 11.34～22.68kg 的犬：250～500mg* 22.68～34.02kg 的犬：500～1000mg* 34.02～45.36kg 的犬：1000～2000mg*
生物黄酮类	柑橘类水果	抗氧化 有益于维生素 C 的吸收 预防出血 强化毛细血管壁 避免瘀伤产生 处理发炎的情况，治疗关节炎 治疗、预防白内障	与维生素 C 同时服用以达最佳效果

*最低剂量；随餐服用。

维生素 C 和生物黄酮类

给犬提供维生素 C 和生物黄酮非常重要。生物黄酮有助于维生素 C 的吸收，增加维生素 C 的抗氧化能力。维生素 C 是一种水溶性维生素，能迅速从体内排出。因此，每餐或每天至少两次补充这种营养补充剂是非常重要的。富含维生素 C 的食物包括花椰菜、球芽甘蓝、羽衣甘蓝、卷心菜、欧芹、菠萝、草莓、菠菜、萝卜叶和宽叶羽衣甘蓝。

维生素 C 是一种基本的抗氧化剂和免疫增强剂，它具有很多功效。维生素 C 有益于免疫系统，参与胶原蛋白的合成（存在于大网膜组织中），并有益于毛细血管修复和肾上腺功能。此外，维生素 C 还可以刺激淋巴细胞生成，对抗细菌和病毒，增强化疗药物的敏感性，辅助降低血压及血清胆固醇，促进抗应激激素的生成，并有助于伤口愈合。维生素 C 作为一种天然抗组胺药，还有助于解决爱犬过敏问题。

虽然犬自身可合成维生素 C，但自身合成量通常无法满足日常需求。犬需要额外补充维生素 C 以满足免疫系统的需要，缓解来自表演和训练的压力，减轻由于运动不足带来的应激，以及对抗不适、疾病和环境污染。充足剂量的维生素 C 也有助于缓解疼痛。

最常见的维生素C类型是抗坏血酸钙，这种缓冲型的维生素C对消化道刺激较小。由于生物黄酮有助于维生素C的吸收，可以增加维生素C的抗氧化效价，故补充维生素C同时补充生物黄酮也很重要。

当你开始给犬补充维生素C时，须知过量的维生素C会导致腹泻，因此应从较低的推荐剂量开始，慢慢增加维生素C的含量，直至更高的推荐剂量或治疗剂量。当补充的剂量使犬腹泻时，应该减少剂量并维持在之前较低的剂量。

生物黄酮并不完全是一种维生素，但这类物质在发挥自身效用的同时，还能增强维生素C的效用。因此，同时提供维生素C和生物黄酮是最佳方式。

脂溶性维生素

脂溶性维生素A、D和E储存在脂肪组织中。它们在体内的“寿命”比水溶性维生素长，并与其他营养物质协同发挥作用。这些维生素不像水溶性维生素那么容易从体内排出，因此推荐剂量通常低于水溶性维生素。由于这些维生素储存于脂肪中，所以犬可能容易补充过量。因此，合适的剂量需要重点关注。

维生素A

维生素A可以对抗呼吸道感染，维持机体健康。这种物质有抗氧化性，有助于保持良好的视觉功能、繁育功能及皮肤健康。维生素A有两种类型：第一种是有活性的维生素A，也叫类视黄醇，存在于牛肉、鸡肝、蛋类和乳制品等动物源中；第二种是β-胡萝卜素，动物可以从植物中获得。犬很难将β-胡萝卜素转化成可用的维生素A。动物蛋白源在其已经完成转化的状态下为爱犬提供这种重要的维生素，因此给犬饲喂含有优质动物蛋白的食物很重要。

一般来说，食物中含有丰富的维生素A，足以满足犬的需求，但多补充一些并无害处，可以增强犬的免疫反应，并辅助治疗溃疡、皮肤问题，预防癌症。

维生素D_3

维生素D_3是一种重要的维生素，但并没有受到该有的关注。这里需要特别强调的是，并非所有的维生素D都具有相同的营养价值！在营养补充剂中关注维生素D_3的来源和形式非常重要。这种营养素是犬所需要的，可以从动物源性食材中获取。

许多人将维生素D_3和阳光照射联系在一起，虽然人类很容易通过阳光照射转化形成此类物质，但对犬来说却并非如此。犬的皮肤和厚厚的皮毛上的油，会阻碍它们通过阳光照射转化吸收维生素D的能力[37]。

维生素D_3被认为是一种激素，它通过阳光照射和一些食物被获取。然而，尽管这种维生素很重要，但在平时犬吃的食物中却并不常见。在野外，野犬通过捕食猎物，生食内脏器官、生饮血液，反而更容易获得维生素D_3。这两者中都含有

充足的维生素 D_3，从而可以维持健康。我们购买到的用于饲喂犬的鲜肉中已经排放了大部分血液，大量的维生素 D 也随之流失。

维生素 D_3 最显而易见的益处在于促进体内钙的吸收。它可以预防佝偻病等骨骼纤维化疾病，还可以预防骨质疏松症、肌无力、糖尿病、心脏病和高血压。此外，维生素 D_3 还可以改善皮肤问题，如白癜风（一种色素缺失疾病）。近期人们研究发现，维生素 D_3 可以让某些化疗药物更好地发挥作用，有助于治疗自身免疫性疾病、肠炎和癌症等[38]。研究还表明，患有充血性心衰的犬血清中的维生素 D_3 含量较少[39]。

获得充足的维生素 D_3 对于爱犬并不是件容易的事。维生素 D_3 含量最高的食物包括：

- 三文鱼（或水浸罐头）
- 鲭鱼（或水浸罐头）
- 沙丁鱼（或水浸罐头）
- 纯酸奶（添加维生素 D）
- 牛肉或小牛肝脏
- 蛋黄
- 奶酪

将这些食物喂给犬是很重要的，可以提供足够的补充。

虽然过量或超剂量补充维生素 D_3 一直是人们担忧的问题，但其实维生素 D_3 缺乏症更为常见。

维生素 D_3 过量的常见原因是犬误食了老鼠药。老鼠药中含有极高剂量的维生素 D_3，这可以导致啮齿动物出血、死亡。除了误食老鼠药，犬很难摄入中毒剂量的维生素 D_3；就算摄入了低致毒剂量的维生素 D_3，也需要数月内每天摄取才会造成危险。在极个别情况下，宠物食品企业会弄错维生素 D_3 添加量，导致宠物食品维生素 D_3 含量不合理。

宠物教育网站上的一篇文章指出，“维生素 D_3 缺乏症相当普遍，而中毒情况即使存在，也鲜有发生。”因此得出结论：维生素 D_3 缺乏症是主要问题，这对幼犬来说非常重要，它们需要维生素 D_3 辅助骨骼健康生长、牙齿发育，维持免疫，保持心脏健康，促进神经发育，维持肌肉张力。幼犬缺乏维生素 D_3 会导致佝偻病、发育迟缓、牙齿发育延迟和骨骼畸形等。成犬和老年犬也需要维生素 D_3 维持心脏健康和免疫力，预防自身免疫性疾病、炎症性肠病（inflammatory bowel disease，IBD）和癌症[40]。

那么应该给犬补充多少维生素 D_3 呢？在计算需要量时，需谨记剂量是根据犬的体重计算的，而非犬的食物量。

为犬推荐的维生素 D_3 剂量为每磅食物 227IU（表 7.2）。中毒剂量为每磅 2722IU 以上；然而，在几个月内持续给予该剂量才会累积到危险的毒性水平。

表 7.2 维生素 D_3 的推荐剂量

每日剂量	犬的体重
400IU（10μg）	36.29kg 以上（大型犬）
300 IU（7.5μg）	22.68～36.29kg（中型犬）
200IU（5μg）	9.07～22.68kg（小型犬）
100IU（2.5μg）	9.07kg 以下（迷你犬）

维生素 E

维生素 E 对人类和犬都是有益的，是一种抗氧化剂和抗癌药物，有益于抗癌、促进心血管和淋巴系统健康、维持神经系统正常功能、预防细胞损伤、抗衰老。另外，维生素 E 可以保护维生素 C 和维生素 A 不被氧化，有助于伤口愈合，辅助治疗关节炎，提高动物运动机能。同样，维生素 E 还能够与欧米迦 3 脂肪酸协同作用，因此饲喂欧米迦 3 鱼油的同时也应该为爱犬补充维生素 E。

含有维生素 E 的食物包括深色绿叶蔬菜、蛋类和内脏器官（表 7.3）。

表 7.3 脂溶性维生素

维生素	来源	功能	每日剂量
维生素 A	**活性维生素 A（类维生素 A）：** 牛肉 鸡肝 蛋类 乳制品 **β-胡萝卜素：** 水果 蔬菜 胡萝卜 菠菜 甜瓜 羽衣甘蓝	对抗呼吸道感染 维持机体组织健康 抗氧化 维持良好视觉功能 促进良好繁育功能 保持皮肤健康	11.34kg 以下的犬：1000IU（0.3mg）* 11.34～22.68kg 的犬：2500IU（0.75mg）* 22.68kg 以上的犬：5000IU（1.5mg）* *维生素 A 每日最大剂量
维生素 D	肥嫩的咸水鱼 鱼肝油 加强营养的乳制品 阳光	促进体内钙磷代谢 有益于骨骼健康生长 有益于牙齿健康生长 有益于心脏健康 促进神经发育 维持神经张力	9.07kg 以下的犬：100IU（2.5μg）* 9.07～22.68kg 的犬：200IU（5μg）* 22.68～36.29kg 的犬：300IU（7.5μg） 36.29kg 以上的犬：400IU（10μg）* *维生素 D 每日最大剂量取决于犬的体重，而不是饲喂量
维生素 E	深色绿叶蔬菜 蛋类 动物内脏	抗氧化 抗癌 保护维生素 C 和维生素 A 不被氧化 辅助伤口愈合 治疗关节炎 调节神经系统 提高运动机能 预防细胞损伤 抗衰老	11.34kg 以下的犬：50～100IU（50～100mg） 11.34～22.68kg 的犬：100～200 IU（100～200mg） 22.68～34.02kg 的犬：200～400IU（200～400mg） 34.02～45.36kg 的犬：400～800IU（400～800mg）

助消化的补充剂

许多商业加工的犬干粮缺少两种犬膳食中的重要成分：益生菌和酶。益生菌是对机体有益的细菌，为犬正常消化功能与消化道健康所必需。酶有助于降解和利用脂肪、蛋白质、碳水化合物。这两种物质可以帮助动物体消化、吸收其他重要营养物质。

110℃以上的高温在食物加工制作的过程中很常见，这会使益生菌和酶失活。在制作犬粮的过程中，益生菌和酶在熟化、挤压等加工过程中受到很大的影响，这意味着商品犬粮几乎不含益生菌和消化酶。因此，如果给犬饲喂商业化犬粮，将这些营养补充剂补充到犬的食物中非常重要。如果犬主饲喂鲜食或者选择鲜食与商业犬粮混合喂养的方式，则不需要补充益生菌和酶，这是因为益生菌和消化酶已经存在于这些食物中（最先进的犬粮生产线可以通过膨化后喷涂的形式在商业犬粮中添加益生菌和消化酶，原书中的内容受到当时加工工艺的限制——译者注）。

益生菌

维持消化道健康需要有益的细菌，这类益生菌包括嗜酸乳杆菌和双歧乳杆菌。它们存在于酪乳、酸奶、嗜酸乳、开菲尔酸奶和一些奶酪中。嗜酸菌对机体有益，其抗菌作用和抗真菌特性有助于弱化有害物质的毒性。益生菌对于消化和吸收营养两个过程都有帮助。

生鲜的食材在未经热加工之前含有丰富的益生菌。如果给犬饲喂未经热加工的鲜食，或者在自制膳食或日常食用的干粮中加入少许生食，即可满足犬消化过程中对于益生菌的需求。

一个强大的免疫系统取决于消化系统是否健康。如果犬身体有不适或饱受疾病折磨，添加益生菌将有助于维持健康的消化系统和强大的免疫系统。如果犬正在服用抗生素，那么抗生素在对抗致病菌时，也会对那些有益于消化系统健康的细菌造成影响。在爱犬服用抗生素时，添加益生菌补充剂有助于补充益生菌。

Berte 超微益生菌粉（Berte’s ultra probiotic powder）是 B-Naturals 开发的一款天然产品，是含有多种益生菌的混合物，有助于促进犬消化系统健康稳定。

消化酶

食物的正常消化、组织修复以及机体许多其他功能都离不开各种酶。虽然机体自身可以合成一些酶，但也需从食物中获取。由于高温会破坏酶的活性，因此需从生食中获得。对于犬来说，外源性消化酶必须从生肉和蔬菜中获取。

酶有助于构建新的肌肉结构、神经细胞、骨骼和皮肤，还能促进氧化，将体内有毒物质转化为无害物质。

体内的三种酶分别为淀粉酶、蛋白酶和脂肪酶。淀粉酶有助于分解碳水化合物，蛋白酶有助于分解蛋白质，脂肪酶则用以消化脂肪。

未成熟的木瓜和菠萝富含蛋白酶，有助于消化蛋白质。其他有益于消化蛋白质的酶还有胃蛋白酶、胰蛋白酶、凝乳酶、胰酶和胰凝乳蛋白酶。

蛋白水解酶有助于抑制炎症，治疗呼吸道疾病、支气管炎、肺炎、病毒性疾病、癌症和关节炎。菠萝蛋白酶是存在于菠萝中的蛋白水解酶，同样有助于治疗炎症及吸收其他营养素和营养补充剂。

> 未成熟的木瓜和菠萝富含犬分解蛋白质所需的酶。菠萝蛋白酶是菠萝中的一种酶，有助于抑制炎症和促进其他营养物质的吸收。

当犬的消化系统功能需要辅助时，如犬患肝脏疾病、胰腺炎、甲状腺功能减退、糖尿病，以及肠炎、肠易激综合征、结肠炎等胃肠道疾病，补充酶尤为关键，尤其是消化脂肪和蛋白质的酶。当补充消化酶时，动物酶（如胰酶和胰蛋白酶）对脂肪和蛋白质的消化最为有效。

左旋谷氨酰胺

左旋谷氨酰胺是一种氨基酸，具有许多神奇的特性。这种氨基酸有助于修复肠道内壁问题，增强肌肉质量。每天服用左旋谷氨酰胺可抑制炎症性肠病（IBD）、肠易激综合征（irritable bowel syndrome，IBS）、结肠炎（colitis）等肠道炎症和刺激。

左旋谷氨酰胺的推荐剂量为：每 11.34kg 体重补充 500mg，每日 1～2 次。

其他营养补充剂

欧米迦 3 必需脂肪酸

正如你在第 5 章“脂肪与犬的健康”中看到的，补充欧米迦 3 必需脂肪酸非常重要。这种营养素对机体许多功能均有益。欧米迦 3 必需脂肪酸调节血压和肌肉收缩、维持生殖健康，同时维持心脏、肝脏、肾脏和血凝功能。

辅酶 Q_{10}

辅酶 Q_{10}（CoQ_{10}）是脂溶性维生素类物质，也是一种抗氧化剂，主要存在于肉类和鱼类中，有助于保护心脏，治疗牙周炎和癌症。犬自身可以合成辅酶 Q_{10}，但随着年龄增长，这种能力减弱。辅酶 Q_{10} 的剂量是每日 4.4mg/kg（2mg/lb）。

蒜

新鲜的大蒜对于杀死细菌、真菌和寄生虫非常有益，还可以提供免疫系统支持，使机体中的脂肪正常化。

虽然大蒜可以成为一种很好的补充剂，但要注意不能给迷你品种的犬猫使用，有专家警告，洋葱和蒜会使体重不足 9.07kg 的犬猫贫血。

如果给犬补充大蒜，需从低剂量开始，逐渐加至最高剂量（表 7.4）。大蒜中含有许多犬所需要的营养物质，包括硫、钾、磷、维生素 B、维生素 C、大蒜素、大蒜烯、氨基酸、锗和硒。建议使用新鲜大蒜或蒜油。干蒜效果较差。

表 7.4　每日补充大蒜的最高剂量

9.07～11.34kg 的犬：1/8 头切碎的大蒜
11.34～22.68kg 的犬：1/4 头切碎的大蒜
22.68～34.02kg 的犬：3/4 头切碎的大蒜
45.36kg 以上的犬：一整头切碎的大蒜

日常补充剂

Berte 日常复合补充剂（Berte's daily blend）是一种可以日常饲喂的高品质预防性营养补充剂。该产品混合了维生素 A、B、C、D，以及海带和紫花苜蓿。除了该产品，每日以 1000mg/(4.54～9.07)kg 体重的剂量为爱犬补充 EPA（二十碳五烯酸）鱼肝油也是很有必要的。如果犬需要参与旅行、犬展和表演等造成应激反应的活动，Berte 免疫营养复合补充剂（Berte's immune blend）会更有裨益。Berte 免疫营养复合补充剂与 Berte 日常复合补充剂的主要成分相同，但不含有海带和紫花苜蓿两种成分，两者都含有消化酶和益生菌。

在商品犬粮制作过程中，犬需要的多种营养物质被破坏。添加维生素和欧米迦 3 必需脂肪酸可保证犬获得维持机体健康所需的维生素和脂肪酸。即使给犬饲喂生食，这些营养补充剂对犬也大有裨益。

针对特定健康问题的营养补充剂

表 7.5 列举了犬类常见疾病和针对这些疾病应当使用的营养补充剂。下表仅供参考，不可替代宠物医生治疗和医疗护理。犬主应当与宠物医生保持联系，以获得正确的诊断及治疗建议。

表 7.5　针对特定健康状况的维生素和营养补充剂[41]

健康状况	针对性营养补充剂
过敏 （更多信息请参阅第 31 章“过敏性疾病的膳食护理”）	消化酶 维生素 C 与生物黄酮 菠萝蛋白酶 EPA（二十碳五烯酸）鱼油* n-二甲基甘氨酸（DMG）
关节炎和关节疾病 （更多信息请参阅第 32 章“关节病的膳食护理”）	EPA（二十碳五烯酸）鱼油* 氨基葡萄糖与软骨素混合物 Berte 绿色复合补充剂 维生素 C 与生物黄酮 Berte 超微益生菌粉 菠萝蛋白酶 丝兰 柳树皮 维生素 E
膀胱/肾脏感染 （更多信息请参阅第 25 章“肾病的膳食护理”）	Berte 益生菌粉（Berte's probiotic powder） 维生素 B 混合添加剂 辅酶 Q_{10} 蔓越莓果汁胶囊
癌症 （更多信息请参阅第 24 章“癌症的膳食护理”）	抗氧化剂 EPA（二十碳五烯酸）鱼油* 蘑菇提取物（液体酊剂） Berte 免疫营养复合补充剂（抗氧化剂、酶、益生菌、左旋谷氨酰胺、精氨酸、维生素 A、维生素 D） 辅酶 Q_{10}
心血管疾病 （更多信息请参阅第 23 章“心脏健康的膳食护理”）	EPA（二十碳五烯酸）鱼油* 左旋肉碱（氨基酸） 左旋牛磺酸（氨基酸）
结肠炎、炎症性肠病及胃炎 （更多信息请参阅第 34 章“胃病的膳食护理”）	Berte 超微益生菌粉 左旋谷氨酰胺 消化酶（如胰酶和胰脂肪酶）
皮炎（皮肤脱落、瘙痒、脱毛） （更多信息请参阅第 31 章“过敏性疾病的膳食护理”）	EPA（二十碳五烯酸）鱼油* Berte 超微益生菌粉 荨麻（酊剂） 维生素 E 维生素 C 与生物黄酮
腹泻 （更多信息请参阅第 34 章“胃病的膳食护理”）	南瓜罐头、新鲜南瓜或南瓜浆 Berte 超微益生菌粉
酵母引起的耳部感染	左旋牛磺酸 镁 维生素 B 混合添加剂
癫痫	n-二甲基甘氨酸（DMG）
甲状腺功能减退 （更多信息请参阅第 27 章“甲状腺疾病的膳食护理”）	Berte 绿色复合补充剂 绿色食物，如海带、掌状皮红藻、螺旋藻
犬窝咳	整日补充维生素 C 与生物黄酮 整日补充紫锥菊、金丝菊酊

续表

健康状况	针对性营养补充剂
晕车	姜 维生素 C 与生物黄酮
胰腺炎 （更多信息请参阅第 28 章“胰腺炎的膳食护理”）	胰酶 消化酶 Berte 超微益生菌粉 Berte 促消化复合补充剂（Berte's digestion blend） EPA（二十碳五烯酸）鱼油*

*一般情况下，鱼油剂量为每日 1g/(4.54～9.07)kg 体重，如果犬需要低脂膳食，则鱼油剂量为每日 1g/9.07kg 体重。

更多针对性特定膳食营养及补充建议请参阅本书第 3 部分“解密犬慢性疾病的处方粮”。

第 8 章　犬粮食材多元化的重要性

犬的膳食应该力求健康并让爱犬喜欢

本书通篇都在强化“尽可能将食材种类多元化”这一观念。食材多元化的重要性不可估量。这里主要指新鲜的生食和自制犬膳食，但饲喂商品犬粮也应遵循同样的原则。如果给犬饲喂商品犬粮，购买新粮时可以轮流饲喂含有不同蛋白源的干粮，或者在喂食商品犬粮的同时添加新鲜食材。更多讨论请参见本书第 13 章“自配辅食是商品犬粮的有益补充”。

犬是食肉动物，其膳食中最重要的部分是动物性脂肪和蛋白质。动物性脂肪可以为犬提供能量、辅助消化、保暖，并保持皮毛和皮肤健康。动物蛋白对心脏、肾脏、肝脏健康提供必需的多种营养素，对组织和细胞更新也非常重要。蛋白质的充足摄入保证了肌肉强健。蛋白源摄入的同时也为犬提供了必需氨基酸、维生素和矿物质，以帮助动物的生长发育及免疫系统的健康。

当犬无法从膳食中获取充足的动物性脂肪和动物蛋白时，犬可能会罹患多种疾病，包括：

- 贫血（犬只能从动物性食物中获取铁）；
- 维生素 B 缺乏症；
- 欧米迦 3 脂肪酸缺乏症：这是由于犬无法将植物油或种子中的 α-亚麻酸转化为可利用的欧米迦 3 脂肪酸，而欧米迦 3 脂肪酸在抗炎、支持免疫系统和重要脏器功能及保持皮毛、皮肤健康等方面发挥着非常重要的作用；
- 必需氨基酸缺乏症：动物蛋白中含有犬需要的氨基酸。膳食中如果缺乏牛磺酸、肉碱等动物源性氨基酸及衍生物，会影响犬心脏、肝脏、肾脏等其他器官的健康。氨基酸可以维持正常的器官功能，延长寿命。动物源性的氨基酸在植物性食物中不存在，因此犬的膳食中必须包含动物来源的氨基酸。

虽然有些犬主因为信仰等原因只吃素不吃荤，但给犬喂素食或纯素食是不合理的。犬是食肉动物，需要通过摄取特定的营养来保持健康。犬只能通过动物源性蛋白和脂肪来获得生长所需的营养，这是由其生理学和生物学特性所决定的。更多不应该给犬喂食素食的讨论请参见本书第 20 章“犬对动物蛋白的刚性需求”。

为什么我们要如此强调食材多元化的重要性？为什么不能只给犬饲喂鸡肉或牛肉？提供不同种类的蛋白质很重要，这是因为并非所有蛋白质都能均衡地提供左旋牛磺酸、左旋肉碱和其他维持犬健康所需的必需氨基酸，也不是所有蛋白质中都含有足量的矿物质（如铁元素）。同样的道理，也不是所有蛋白源中都含有欧米迦 3 脂肪酸。饲喂不同类型的动物蛋白，才能保证膳食营养均衡。提供包括尽可能多的蛋白来源的多元化食材，有助于确保犬获取健康生长所需的所有重要营养物质。如果饲喂单一蛋白或限制食材多样性，久而久之会导致一些营养素的缺乏症。

推荐多元化膳食的另一个重要原因，是保持犬对食物的兴趣和适口性。多样化的食物可以增加犬对食物的兴趣度，刺激食欲。这在常用食材不方便获取时很有帮助，如旅行等情况下。同样，这在因为生病不得不限制食材时也很有帮助。爱犬在平时摄取的食材越多样，为其寻找和选择食材就越容易。

此外，限制犬对蛋白质的选择也会导致食物过敏。长期饲喂一两种蛋白质，无论是鲜食还是商品犬粮，都会增加犬对这些蛋白质的不耐受程度。此外，当犬长期只吃一两种蛋白质时，对其他食物的接受度就会下降，可能导致拒绝新的膳食。对于饲喂商品犬粮的主人，一旦特定犬粮品牌不再生产某个系列的犬粮，或犬对这种犬粮出现过敏反应，这就会成为一个严重的问题。更多信息请参见本书第 31 章“过敏性疾病的膳食护理”。

提供 5～6 种不同的蛋白质是饲喂的最佳选择，一般建议鲜食或自制膳食中至少包含 4 种不同来源的蛋白质。优质的蛋白来源包括鸡肉、火鸡肉、牛肉、猪肉、羊肉和鱼肉（鱼肉湿粮或三文鱼罐头、沙丁鱼、鲭鱼等）。金枪鱼因为没有骨头，而且汞含量可能较高，因而不建议饲喂；其他有益的蛋白质来源包括野牛、兔子、鸭，以及鹿、麋鹿等野味的肉。请注意，饲喂野猪肉时一定要煮熟，因为生野猪肉中可能有旋毛虫。另外，生太平洋三文鱼中可能会有肝吸虫，最好不要饲喂。这两种寄生虫对犬都有致命的影响。

添加到膳食中的其他蛋白质来源还包括富含铁元素和叶酸的鸡蛋、酸奶、干酪等。

如果饲喂商品犬粮，非常有必要经常更换品牌和蛋白质类型，以及饲喂不同类型的肉罐头。此外，在商品犬粮饲喂时增加一些新鲜食物是十分有好处的。商品犬粮制作过程中经过多道高温工序，会破坏氨基酸的性质，降低蛋白源的品质。商品犬粮中碳水化合物、纤维和填料含量比较高，因此，在商品粮中补充各种新鲜蛋白质非常重要。

对于鲜食和自制犬辅食，犬主可以每天饲喂混合来源的蛋白质，或者隔几天饲喂不同的蛋白质。但犬主需要牢记，饲喂鲜食时，需要包含 40%～50%的生鲜肉骨头，另外 50%～60%的食物需要包含大量的肌肉，再添加一些动物内脏（如肾脏、肝脏）和乳制品。动物内脏富含矿物质和维生素，但也不可过量食用，饲喂过多动物内脏可能导致腹泻。更多新鲜食材、膳食的信息和使用说明请参见本书第 10 章“自配犬辅食的方法”和第 11 章“鲜食的配制方法”。

第 2 部分　自配辅食饲喂爱犬

第 9 章　走出鲜食饲喂的常见误区

在探讨自配辅食之前，我们首先需打破一些鲜食饲喂的常见误解。网络上存在很多关于鲜食的误区。当养犬爱好者讨论宠物营养时，这些误区也频繁出现。其实通过健康的自配膳食饲喂爱犬并不难，只需要遵循一些简单的原则，结合自己的常识即可完成。当讨论犬的营养健康时，犬主需要分辨误区与事实。因此，在阅读完本书的所有内容后，读者将会自如地配制爱犬的日常膳食、保证爱犬营养及健康。爱犬必将因此获益良多！

误区 1　不要混合饲喂新鲜辅食和颗粒犬粮

我们常常能在网上看到不要混合饲喂鲜食和颗粒犬粮的说法。事实上，犬能够同时消化多种不同类型的食物。颗粒犬粮和动物蛋白及脂肪一同饲喂并无不可，但是建议将生鲜的肉骨头和颗粒犬粮分开饲喂。由于生鲜的肉骨头比肌肉块和脂肪更重，当胃通过蠕动将胃容物在胃壁上挤压混合时，生鲜的肉骨头可能会竞争更多的胃液。此外，大部分颗粒犬粮已含有多种碳水化合物和纤维，而生鲜的肉骨头纤维含量也很高，如果同时饲喂这两种食物，可能会因为纤维含量过高而引起犬消化不良。犬的消化系统具有消化动物蛋白和脂肪的能力，食物在犬胃消化的时间更长，胃里强大的胃液能够分解和溶解食物、骨骼及皮毛，并能够杀灭细菌，因此犬胃可以同时消化鲜食和颗粒犬粮。在第 13 章“自配辅食是商品犬粮的有益补充”中，可以找到更多关于饲喂颗粒犬粮和鲜食的内容。

误区 2　高蛋白膳食会损伤犬的健康

犬需要动物蛋白来维持很多重要的生理机能。蛋白质能维持机体健康的肝脏、心脏、肾脏功能及血糖水平，并且提供犬所需的重要氨基酸。在犬幼龄与老年这两个重要的阶段，高水平的蛋白质摄入是必不可少的。对于幼犬来说，蛋白质是维持良好生长发育所必需的。对于老年犬来说，随着年龄的增长，蛋白质可以帮助器官维持健康，并提供所需营养。高蛋白膳食不会引起肾脏疾病，但当发生肾病时，尤其是在慢性肾病晚期，需要降低食物中磷的水平。

这本书的每一章都会反复提及优质蛋白在犬日常膳食中的重要性。对犬而言，蛋白质是其可以稳定获取的食物，因此其重要性不言而喻。

误区 3　饲喂高纤维膳食来减肥

很多商品犬粮会降低蛋白质及脂肪含量，并用富含粗纤维的原料进行代替。这样的粗纤维原料包括糠、谷物、富含淀粉的蔬菜或者其他植物成分。有时犬主还会用青豆或者其他碳水化合物来替换一部分商品粮，并认为这些低卡路里的食物能增加爱犬的饱腹感和降低食欲。但事实上，用这一类食物替换颗粒犬粮会让犬感到不满足和饥饿，原因在于它们的身体渴望获取所需要的营养素。

如果你饲喂商品粮并想让犬减肥，你可以通过减少饲喂量来完成。在减量的初始阶段，比例不要超过 10%。同样，建议你饲喂蛋白质含量较高的优质商品粮，或者添加一些新鲜的瘦肉蛋白来替代部分颗粒粮。

如果你正在饲喂鲜食，可以通过减少脂肪含量来让犬减肥。例如，去除膳食中的鸡皮和过量的脂肪组织，选用瘦肉，并且用脱脂酸奶来替代全脂酸奶。

碳水化合物和纤维可以促进犬的食欲，但常常会比优质的蛋白质与脂肪更容易使犬发胖。犬需要脂肪来提供能量，也需要高质量的蛋白质来维持良好的健康。无论你饲喂何种膳食，犬减肥时都需要增加运动量。此外，即使你想让爱犬减肥，也必须提供它日常膳食所需的营养，这样它才能在餐后感到满足并保持健康。

误区 4　犬能很好地适应纯素膳食

犬需要动物蛋白来维持健康的心脏、肝脏和肾脏功能，有些动物源性蛋白中含有的氨基酸并不能从植物蛋白中获取。当饲喂过量的谷物、淀粉和豆类等高碳水化合物膳食时，犬的消化系统会难以耐受。具体的原因就是犬无法发酵和消化这类食物。此外，犬必须从动物源性食材中获取身体所必需的铁元素，而犬从补充剂或植物性食材中获取铁元素的能力非常有限。

随着犬进入老年阶段，动物蛋白对于维持犬的器官和身体健康至关重要。犬主需要特别注意低质量的膳食会损伤肾脏和肝脏！为了更加全面地理解为什么犬不应该饲喂纯素膳食，请参考本书第 20 章“犬对动物蛋白的刚性需求”。

误区 5　生肉会增加犬的攻击性

偶尔会听到个别犬主声称不该给犬饲喂生肉，因为生肉会引起犬的“血性”和攻击性。但真实的情况是，对爱犬饲喂生肉会起到完全相反的作用。犬需要从动物性蛋白中获取维持身体健康所需的氨基酸，这些氨基酸不仅会提供它们所需的营养，还会起到镇定的作用。

富含碳水化合物的膳食（如谷物、淀粉和水果）都会转化为糖，糖含量升高并进入血液，会引起犬情绪改变以及注意力的不集中。低碳水或者完全不含碳水化合物的膳食，能让犬保持稳定的血糖水平；高碳水化合物膳食会增加犬的食欲，导致焦虑、向犬主乞讨食物、偷窃食物，以及呈现破坏性的咀嚼行为。对于那些有情绪亢进、分离焦虑、毁坏物品行为及神经紧张的犬，最好的治疗方法是提供易于消化吸收的新鲜蛋白辅食，在这类辅食中应该包含肉类、全脂酸奶、蛋类及内脏，这样的膳食会使得犬更满足，也更冷静，并且减少疯狂地搜寻和咀嚼不合适物品等行为。这种变化不会立刻发生，大约在几个星期之后，犬主会看到犬的脾气开始逐渐变得温顺。

误区 6　犬患有肝脏疾病时需要低蛋白膳食

事实上，当犬的肝脏出现问题时，它需要蛋白质来帮助肝脏再生和痊愈。大部分犬可通过正常的膳食来修复肝脏问题。只有当出现严重的肝脏问题，如患有肝门静脉分流或者严重的慢性肝病时，氨进入血液，犬会感到不舒服，并引起严重的疾病，这种情况需紧急就医。即使发生这种情况，也无须降低膳食中的蛋白质。此时应该饲喂氨含量低的蛋白源（如鸡肉、鱼肉、蛋类和乳类），而避免红肉（如猪肉、牛肉、羊肉等哺乳动物的肉）和内脏等氨含量高的蛋白源。

此外，肝脏功能不全的犬可能需要饲喂低脂肪膳食。肝脏是处理脂肪的重要器官，如果犬的肝酶指标升高，建议饲喂低脂肪膳食，直到肝酶指标恢复到正常水平。如果想了解更多关于犬肝脏疾病膳食的情况和范例，请参考本书第 26 章“肝病的膳食护理”。

误区 7　犬罹患肾病时需要低蛋白膳食

蛋白质对犬类健康是至关重要的，即使它们患有肾脏疾病，也不需要低蛋白膳食。当犬的尿素氮（BUN）指标超过 80mg/100mL、肌酐指标超过 3mg/100mL、磷离子水平升高超过正常值时，犬可能就需要低磷的膳食。和肝脏一样，肾脏也需要蛋白质来维持其功能和促进发育，但发生慢性肾病时，肾脏代谢磷离子的能力受损，机体磷含量升高会引起犬身体疼痛和不适。降低蛋白质含量并不能保护肾脏，也不能延长肾脏的寿命，但降低磷含量能让犬更舒服。在本书第 25 章“肾病的膳食护理”中讨论了更多与肾脏相关的膳食及治疗选择。

误区 8　犬从商品干粮转换为鲜食时，应先从单一蛋白与颗粒粮混合饲喂开始

这种说法并不正确。如果你把一个只吃过加工食品的孩子带回家，你会一次只提供一种新食物吗？不，你会立刻做出改变，给他提供各种各样的新鲜食物。当你将犬的膳食从加工干粮换成鲜食时，犬可能会难以消化脂肪。如果发生这种情况，你可以饲喂瘦肉，或者去掉鸡皮，并选择低脂酸奶或干奶酪。每一只犬对从商品粮换成鲜食的适应程度都不一样，应按照犬主和犬都感到愉悦的方式进行。即使在转粮的最初，犬主也应该提供多种不同的蛋白质。此外，补充剂会让犬从商品犬粮转化为鲜食的过程更加顺利。例如，Berte's 超微益生菌粉可以帮助维持消化道内有益菌群的平衡，Berte's 促消化复合补充剂可以在脂肪进入小肠之前在胃里将其预先消化。更多的相关信息请阅读第 11 章“鲜食的配制方法”。

误区 9　如果犬的膳食构成是全价的，就无须添加任何营养补充剂

这种说法在一定程度上是正确的，然而鲜食很难提供一些重要的营养物质。因此，添加一些营养补充剂非常有必要，而且是有益的。欧米迦 3 脂肪酸是犬需要的营养素之一，但在犬的食物中含量并不充分。欧米迦 6 脂肪酸存在于犬主饲喂的大部分食物中，这会引起欧米迦 6 与欧米迦 3 脂肪酸的失衡，因此，在犬辅食中添加欧米迦 3 鱼油很重要。欧米迦 3 脂肪酸有保护心脏、肝脏和肾脏，以及促进免疫系统、对抗炎症和维持皮毛健康的功能。

此外，益生菌也有助于保持消化道良好的菌群平衡。益生菌对处在康复期的犬、处于应激反应的犬、表演犬或赛犬、幼犬和老年犬尤为有益。例如，维生素 C 和复合维生素 B 等水溶性维生素，很容易从机体中代谢出去，因此也是膳食的良好营养补充剂。如果你想了解更多关于犬营养补充剂的信息，请参考本书第 7 章“维生素营养与营养补充剂”。

误区 10　犬需要碳水化合物，并需要谷物、水果和蔬菜

这是一个误解！为犬饲养编写营养指导的美国国家研究委员会（NRC）明确表示：犬没有碳水化合物的营养需求。商品犬粮使用碳水化合物的原因是缩减生产成本，并延长犬粮的保质期。事实上，碳水化合物（谷物、水果和蔬菜）是由

糖构成的。犬是肉食动物，天生不能消化或利用碳水化合物中的营养素。犬的消化道短且简单，不能发酵和处理大量的纤维。因为犬的唾液里并不含有和人类同样的酶，碳水化合物会引起犬的蛀牙和牙龈疾病。碳水化合物也会引起强烈的身体异味，并导致粪便体积增大且伴随强烈异味。碳水化合物还会扰乱犬的激素和肾上腺系统。最后，碳水化合物会影响犬对动物蛋白和脂肪的高效利用，这两类营养素对维持犬心脏、肝脏、肾脏健康及免疫系统的良好功能具有重要意义。如果想了解更多关于碳水化合物的知识，请参考本书第 4 章“真实发生的犬粮低碳水化合物革命”和第 20 章“犬对动物蛋白的刚性需求”。

误区 11　植物油对犬有益处，其可提供优质的欧米迦脂肪酸

长久以来，多种植物油的生产商在犬粮市场上做了大量营销推广。这些植物油包括亚麻籽油、大麻油、菜籽油、红花油，以及最近提到的椰子油。虽然这些植物油的确含有欧米迦 3 脂肪酸，但这些脂肪酸是以 α-亚油酸形式存在，犬不能转化利用这种亚油酸。犬需要欧米迦 3 脂肪酸以维持健康的心脏、肾脏和肝脏功能，支持免疫系统，维持皮肤和毛发健康，但它们需要的是动物源性的欧米迦 3 脂肪酸而非植物源性的欧米迦 3 脂肪酸。动物源性的欧米迦 3 脂肪酸存在于鲑鱼、鲱鱼、沙丁鱼鱼油及磷虾油中，这些油含有健康所需的 EPA（二十碳五烯酸）和 DHA（二十二碳六烯酸）。植物油就像碳水化合物一样，不被犬所需要，也并无益处。更多关于必需脂肪酸的内容请参考本书第 5 章“脂肪与犬的健康”。

误区 12　生肉对犬很危险

你可能听很多人说喂食生肉对犬很危险，这是一个误解。即便肉中存在病原菌，生菜、冰淇淋、草莓以及其他很多我们所食用的食物也都含有病原菌。一个鲜为人知的事实是，犬干粮也存在沙门氏菌污染的高风险[42]！

纽约州立大学附属州立医学中心预防医学和社区卫生系主任帕斯卡尔·詹姆斯·因波拉托（Pascal James Imperato）博士指出：“宠物食品曾出现过问题。如果宠物食品里含有任何动物制品就可能被污染，或者加工食物的工厂也同时处理动物制品也很容易造成污染。”因波拉托博士还说道：“人和动物的食物产品都有较大程度的生产工业化，并且处理系统复杂，因此在这个过程中受到污染的可能更大。”

科学界已经在多年前达成共识，很多犬都携带沙门氏菌，这与膳食的情况无关。研究表明，大约 36%的健康犬和 17%的健康猫的消化道中都呈现沙门氏菌阳性[43]。美国宠物医生协会（AVMA）也认可这一数值[44]。有趣的是，这个数据是

来自于颗粒犬粮喂养的犬，这意味着携带沙门氏菌对于犬而言是常态，这与膳食的情况无关。

加拿大对生食喂养犬的一项研究显示，犬对沙门氏菌的抗病性是显而易见的。在这项研究中，给 16 只犬喂食被沙门氏菌污染的商品鲜食，并没有任何犬只因此而患病。此外，这 16 只犬中，只有 7 只犬的粪便检测到沙门氏菌[45]。虽然没有进一步研究，研究者推测另外 9 只犬同样食用了沙门氏菌污染的鲜食，但沙门氏菌已被中和，因此粪便中并未检测出沙门氏菌。甚至 FDA 在《FDA 消费者》（*FDA Consumer*）杂志中也认为，宠物很少会因为沙门氏菌污染而患病[46]。

以下是另一项研究结果，该研究比较了分别饲喂鲜食和商业干粮的犬体内细菌的数量。研究结果表明，饲喂干粮的犬体内细菌较多，5 种常见细菌中有 4 种高于饲喂鲜食的犬（表 9.1）。

表 9.1　饲喂鲜食犬 vs.饲喂干粮犬的细菌感染情况

	鲜食	商业干粮
耐万古霉素的肠球菌	0	1
耐甲氧西林的金黄色葡萄球菌	1	8
梭状芽孢杆菌	5	40
沙门氏菌	19	12
大肠杆菌	31	32

虽然这项研究可能显示了饲喂鲜食的犬携带更多的沙门氏菌，但它也显示了饲喂干粮的犬携带更多耐万古霉素的肠球菌、耐甲氧西林的金黄色葡萄球菌、艰难梭菌和大肠杆菌。值得注意的是，尽管饲喂鲜食的犬携带沙门氏菌的数量更高，饲喂干粮的犬携带沙门氏菌的数量也相当惊人。

这些研究数据足以改变犬主对鲜食喂养的恐惧。犬是食肉动物，食物在犬胃中消化的时间更长，它们的胃也能产生比人类更多的胃酸来杀灭细菌。此外，犬的肠道较短，食物残渣可以快速排出体外，从而能够减少细菌感染和致病的机会。更多关于犬消化系统的信息请参考本书第 2 章“犬的消化系统与解剖学概要”。

无论是为你的家人还是爱犬处理生肉，基本的食品安全常识都必不可少，主要包括食材冷藏的正确方法、容器和水槽等自制膳食所用设备的清洗，以及适当的防护措施。

第 10 章　自配犬辅食的方法

为爱犬配制辅食其实很简单[①]

本书的这一部分为你介绍了犬天然营养膳食。如果你按照本章中列出的简单步骤进行操作，无论你的犬处于什么年龄段，相信都会对其健康大有裨益。在你调整膳食后的几周里，你会发现犬身体腥味减轻，毛发更有光泽，皮肤更加健康，粪便量更小且臭味减轻，爱犬变得更有活力。按照以下的方法坚持下去，你会惊讶地看到犬发生的转变。

首先，让我们看一看能让家庭自制辅食更容易、更方便的厨房设备和用品。随后，我们会提到基本的家庭饲喂规则，以及给犬饲喂鲜食与熟食辅食的具体要点，并列出制作犬喜爱的健康辅食需要的所有知识。

开始：厨房用品

为了让养犬家庭自制辅食更加便捷，这里需要使用一些基本的厨具，相信很多犬主家都是具备的。

冰箱

对于大部分饲喂自制辅食的养犬家庭来说，冰箱是基本的设备。你能一次性购买大量的肉类储存在冰箱中，这样更经济实惠，开销也不会比饲喂商品犬粮高，所以冰箱容积越大越理想。

剪刀

有一把好的肉剪刀很重要，用来把鸡肉和排骨剪成适合爱犬食用的尺寸。

塑料盒、容器和密封袋

这些器皿用于生鲜肉品和配制好的辅食的盛装，以及在冰箱里储存和解冻。你需要根据爱犬的体重以及它每一餐所需要膳食的体积，选择合适的塑料盒、容器和密封袋。

---

① 本部分内容综合中国国情和市场需求，仅翻译原书精华部分内容，特此说明。

搅拌碗

犬主需要搅拌碗将食材混在一起。如果犬主豢养了一只大型犬或者多只犬，那么需要一个大容积的搅拌碗。

刀具

无论是为爱犬准备鲜食还是自配熟食，都需要准备一整套质量好且锋利的刀具。刀具需要定期磨砺。因为小型犬的辅食需要切割成更小的块状，刀具的定期磨砺和保养对于豢养小型犬的犬主格外重要。

冰箱冷藏室空间

犬主在冰箱的冷冻室储存大量肉品的同时，也需要在冷藏室中预留出一些空间，用于解冻爱犬冷冻的膳食以及储存犬吃剩的食物。

食物秤

强烈建议犬主使用小型的食物秤。在你掌握合适的饲喂量之前，食物秤对爱犬辅食的定量非常有用。

绞肉机

绞肉机对于饲养小型犬和玩具犬的犬主，以及不习惯饲喂整块骨头的犬主来说是特别有用的设备。如果犬主准备饲喂生肉，高效的绞肉机确实是一个值得投资的设备。Maverick 牌绞肉机的肉品粉碎效果很好，犬主可以通过网站 www.pierceequipment.com/grinders.html 购买。如果你有多只大型犬或者需要一台高端绞肉机，Cabela's 品牌有很好的大功率绞肉机，犬主可以在网站 www.cabelas.com 自行购买。

家庭自制爱犬辅食的主要材料

现在你已经有了必要的厨房设备、厨具和物品，接下来让我们看看家庭自制爱犬辅食所需的主要食材。

肌肉

肌肉是不包含骨头的动物肉，是犬所需蛋白质的主要来源，这应该是爱犬日常膳食中用量最大的食材。

表 10.1 列举了可以饲喂的多种肌肉，种类越多越好。根据每个犬主居住的区域不同，一些种类的肌肉可能比其他种类的获取更便捷，重要的是，犬主需要尽可能地饲喂多种蛋白质。

表 10.1　肌肉

碎牛肉、牛心*、牛舌、鸡胗 碎羊肉、羊心*、羊舌 碎猪肉、猪心*、猪舌 野味：野牛肉、鹿肉、麋鹿肉、美洲驼肉、山羊肉、鸵鸟肉、袋鼠肉	碎鸡肉、鸡心* 碎火鸡肉、火鸡心* 碎兔肉 鱼（无骨鱼片）

*心脏的分类是肌肉，而不是内脏肉。

内脏肉

动物内脏富含多种营养素和维生素。但因为这些营养素的含量过高，因此内脏肉在任何家庭自制辅食的食物总量中占比应该维持在 5%～10%。

表 10.2 列举了多种可以饲喂爱犬的内脏肉。

表 10.2　内脏肉

牛肝、牛肾 羊肝、羊肾 猪肝	鸡肝 火鸡肝

主要食材：生肉与熟制自配辅食的比较

生肉是自配辅食的主要食材，同样也是熟制自配辅食的主要食材。生肉包含表 10.1 和表 10.2 中列举的肌肉和内脏肉。如果犬主选择饲喂生肉，食谱还应该包含生鲜肉骨头，在下一章将进行更详细的论述。当饲喂熟制的自配辅食时，不能添加骨头。在熟制之后，脂肪会固化结晶。而熟制后的骨头会变得非常易碎，骨头的碎片可能导致爱犬的胃肠道穿孔，对爱犬造成危险。因此，熟制过的骨头不能作为自配辅食的成分。饲喂熟制自配辅食时，应该添加蔬菜来保证充足的纤维供应，我们将在第 12 章“熟食的配制方法”中讨论更多有关蔬菜和熟制自配辅食的问题。

自配辅食的食材应从哪里获取?

农产品超市通常售卖多种自配辅食所需要的肉类，但犬主可能需要通过一些搜索和查询来获取更多蛋白源及肉类的售卖信息。笔者与当地的一家超市经理合作订购牛心、牛肾、鸡心和猪颈骨。大部分农产品超市都售卖鸡翅和鸡腿。一些农产品超市还能帮犬主订购鸡脖和鸡骨架。肉类的供应因所在地而异。在笔者居住地附近可以购买到鸡肉、羊肉、牛肉和猪肉。如果附近的农产品超市不售卖自配辅食的肉类，而经理也不愿协助订购，犬主则需要找寻当地的少数民族超市或肉铺来购买。

如果犬主很难获取所需要的这些蛋白源，可以尝试在网上联系鲜食喂养群组。通过这些群组联系当地熟悉鲜食喂养的犬主并找寻自制辅食原料售卖渠道是一个很好的途径。在许多地区，饲喂生食和自制辅食的犬主都有合作小组，他们会每周或每月集体下订单，从而降低成本。

对习惯于商品粮的犬主来说，这样全新的饲喂及购买方式开始可能有点难以接受，然而一旦开发了获取肉类的渠道，这似乎就不那么让人生怯了。

自配辅食喂养爱犬的普遍规律

从商品犬粮转为鲜食或熟制自配辅食的最大困扰，就是确保饲喂“全价且均衡”的膳食。犬主需要学习并遵守一些基本的规则来保证饲喂“全价且均衡”的膳食。一旦你学会并适应了这些规则，接下来的事情就会顺理成章。

规则 1：根据体重饲喂

第一条规则，犬每日的食物重量大约占其自身体重的 2%～3%，并应分成两次饲喂。大型犬和老年犬需要的食物可能低于这个比例，而小型犬因为其自身新陈代谢快，所以它们可能需要更多的膳食。如果犬超重或者体重过轻，一开始应该饲喂理想体重 2%～3%的食物。犬和人一样，应以体重的 2%～3%作为初始量指导，根据犬的体重、年龄、运动水平等因素来调整饲喂量。更小体形的犬，尤其是玩具犬，通常需要高于体重 2%～3%的食物。一天饲喂 3～4 次，效果会更好。

同样，6 个月以下的幼犬也需要更频繁地喂食，它们每天需要喂食 3～4 次，并且需要更多的钙（每千克食物含 3303mg 钙）来帮助其发育。8 周大的幼犬需要大约自身体重 10%的食物，或者它们成年体重 2%～3%的食物（更多关于幼犬饲喂的信息请参考本书第 16 章“幼犬的膳食护理”）。

即便爱犬表现得很饥饿，犬主也不要过度喂食。过度饲喂是消化不良、腹泻和肥胖的主要诱因。

表 10.3 罗列了生食和熟制自配辅食喂养在开始时正确的饲喂量。

表 10.3　犬每天所需的膳食总量

45.36kg 的犬：907～1360g/d，或 2 餐、每餐 454～680g
34.02kg 的犬：680～907g/d，或 2 餐、每餐 340～510g
22.68kg 的犬：454～680g/d，或 2 餐、每餐 227～340g
11.34kg 的犬：227～340g/d，或 2 餐、每餐 113～170g
玩具犬：113～283g/d，或 3～4 餐、每餐 38～71g

规则 2：在一段时间内令爱犬保持营养均衡，无须每餐都做到营养均衡

许多犬主希望做到科学喂养，并希望能够配制出包含犬需要的所有营养素的

完美膳食，还希望爱犬的每一餐都重复饲喂这样的完美膳食。千万不要陷入这种怪圈！想象一下，如果我们每天晚上都吃同样的晚餐，那将会多么的无趣。此外，想象每天重复食用含有同样一系列营养素的饭菜可能产生的健康问题。犬和人类一样，需要多种多样的膳食。这一规则很重要，多品种食材能取悦爱犬舌尖上的味蕾，让爱犬保持健康与活力，并为它们带来美妙的幸福感。

犬有一种奇特的能力，它们会通过拒绝犬主饲喂的新食物来“诱导”犬主只喂它们有限的几种食物。如果犬主跟随了它的节奏，并相应地限制了食材的种类，这可能会严重地损害犬的健康。宠物医生经常因为犬的这种潜在行为，劝阻主人自制辅食。如果你坚持丰富犬的膳食，饲喂它们多种多样的食物，爱犬就能获取其所需的多种营养。但是，犬主不能指望一顿饭就达到目的，而是要逐步地保证辅食中的营养均衡。如果犬主发现犬只喜欢自制辅食中的某一种食材，不喜欢其他食物，也要继续尝试不同的食物组合，以确保犬对不同营养素的需求。

规则 3：耐心

改变爱犬每天的膳食，意味着犬主和犬都将面临很多调整。如果犬主发现这个工作量很大，或者你的犬也并没有对食物表现出兴趣，请保持耐心。改变已经持续数年的饲喂方式，有时候需要一段时间来获得成效。请相信这种改变对犬的健康和幸福感都有积极作用。持续尝试不同的食物组合，你的爱犬很快就会开始期待每一餐。

第 11 章　鲜食的配制方法

最简单的喂养方法

虽然人和犬的解剖结构不同，但有一项人类营养的基本原理同样也适用于犬：新鲜的、生的食材就是最好的。本章展示了自制辅食的简易操作，以及如何提供多种营养来促进爱犬的健康和寿命。

只要你做过沙拉，就会做生食，这并不难，只需要找到合适的食材，切碎，再将切碎的食材混合在一起，这和做沙拉并没有什么不同。如果这种新的饲喂方式仍然让犬主感到别扭，甚至感到压力有点大，请不要担心，你很快就会掌握窍门，并且你的爱犬会因此更加爱你。

让我们开始像照顾家人一样照顾犬，这个过程最困难的部分在于了解概念和习惯新的喂养方式，从而让犬爱上鲜食，并且收获鲜食带来的健康。

自制鲜食所需的食材

前面的章节讨论了鲜食所需的主要食材，肌肉和内脏都被列为鲜食和熟制自配辅食的主要食材。如果犬主选择饲喂鲜食，另一个基本配料是生鲜的肉骨头。健康的生食辅食应该包括多种肌肉、内脏肉和生鲜的肉骨头。

金毛猎犬夏伊洛的故事

雌性金毛猎犬夏伊洛（Shiloh）是一个很好的例子，鲜食让它重获新生。夏伊洛很小的时候经历了一次严重的蠕形螨感染，8 个月大的时候它被救助，那时的夏伊洛脸部、胸部、腹部以及腿上的毛发全部脱落了，皮肤很干并且开裂，以至于触碰都能让它的皮肤流血。它的脸也受到严重的感染，几乎不能睁开眼睛，也因为严重的病情而十分沮丧。

夏伊洛被带进救助中心时，宠物医生钟妮正在主持制订救援计划，钟妮同意收养夏伊洛，并很快开始着手通过自制辅食改善夏伊洛虚弱的状态。在将夏伊洛的膳食调整为鲜食后，钟妮开始用 Berte 免疫营养复合补充剂、Berte 超微益生菌粉以及鱼油作为夏伊洛的营养补充剂。

改变膳食后，夏伊洛出现了巨大的变化。在不到一周的时间里，它的身体开始长出毛发，久违地恢复了精神活力。很快，它能开心地游泳和街回，并和另外两只被收养的犬一起玩耍。

如今，钟妮可以骄傲地说夏伊洛是健康快乐的！夏伊洛是一个鲜活的例子，证明了饲喂自制辅食具有恢复爱犬健康的神奇力量。钟妮和她的家人已经离不开夏伊洛了，他们的“丑小鸭”终于变成了“白天鹅”！

生鲜的肉骨头

饲喂鲜食时，生鲜的肉骨头是一个很重要的食材。生鲜的肉骨头富含犬喜欢并且需要的营养。生鲜的肉骨头包括肉、骨头和脂肪，是钙和纤维的绝佳来源。不是所有的骨头都能被称作生鲜的肉骨头，骨头确实是生鲜肉骨头的一部分，但也有些骨头只是休闲零食。一些好的生鲜肉骨头包括：

- 鸡（所有部分，包括翅膀、背部、颈部和腿部）
- 鸭脖
- 火鸡脖（需要切成小块）
- 猪颈、猪胸肉、猪尾、猪脚
- 羊肋排、羊颈、羊胸肉
- 兔（所有部分，包括前部、后部和背部）
- 带骨鱼罐头，如鲭鱼、粉鲑及沙丁鱼

对饲喂生鲜肉骨头的担心

如果犬主不放心给犬饲喂整个骨头，也有别的选择。你可以购买包装好且含有碎骨头的鲜食，或者你可以用一个绞肉机磨碎骨头。犬主需要用自己最舒服的方式饲喂爱犬。

大型动物（如猪、牛、羊）的负重骨，如腿、股骨、肋骨和颈骨，对于一些犬来说可能有些太大了，可以作为犬的休闲零食。这类休闲零食不能算作均衡营养的全价膳食。

做好饲喂鲜食的准备

当犬主准备好所有的厨房用具和需要的食材，就可以着手自配鲜食了。很多犬主可能会问一个问题：是应该慢慢地调整为饲喂生食，还是一次性完成这个转型？这个问题并没有一个绝对的答案。因为笔者家里没有商品粮，因此会给所有犬饲喂多种多样的鲜食。所有救助回来的流浪犬，在一次性转型为鲜食饲喂后，没有出现过任何问题。

如何从商品犬粮转变为生食，这是个人的选择，应该以自己舒服的方式完成转变。如果犬主准备了所有需要的器具，也准备好饲喂鲜食，那就开始吧！要注意遵循之前讨论过的原则，为爱犬饲喂种类丰富且营养均衡的膳食。

如果犬主想逐渐引入鲜食，让爱犬有一个习惯这种新的饲喂方式的过程，这样的做法也完全没有问题。一部分犬主选择先在商品粮中添加肌肉来逐渐转变为鲜食饲喂，另一部分犬主可能会按周期交替饲喂鲜食和颗粒犬粮，逐步淘汰加工犬粮（想了解更多关于鲜食结合商品粮的饲喂方式请阅读第 13 章“自配辅食是商品犬粮的有益补充”）。

饲喂时间的制定

规划每天餐食的最好方法是前一天晚上打开冷冻室，把所有你计划在第二天饲喂的全部食物放在塑料容器中解冻一整晚，确保食物在饲喂给犬之前已经完全解冻了。

通过混合食材来均衡膳食

平衡犬的膳食非常重要，但犬主无须每餐都力求平衡膳食中的营养成分。犬主应该着眼于一段时间内的营养均衡。如果你一周内能提供很多不同种类的蛋白质和生鲜的肉骨头，就能保证犬的营养均衡。笔者每天为爱犬饲喂两顿鲜食，第一顿提供肌肉餐，第二顿提供生鲜的肉骨头餐，这是我最习惯的方法。当然，两餐的食谱互相调换也可行。

犬主可以对每天的喂食次数进行一些调整。有的犬主喜欢每天只饲喂一餐。这其实也是可行的，但要确保犬饲喂一餐生鲜的肉骨头后，下一餐饲喂肌肉和内脏肉，每天一餐、交替饲喂。这里需要着重强调的是，犬主力求在一段时间内为爱犬提供营养均衡的膳食，而并非在每餐中力求营养均衡。

不要单一依赖某种类型的生鲜肉骨头。例如，每餐单一饲喂鸡肉的做法就不可取，应该交替饲喂家禽肉、猪肉、牛肉及其他多种肉类。笔者每周有三个晚上饲喂鸡脖和鸡架，有两个晚上饲喂猪颈骨和猪尾，最后两个晚上饲喂牛排骨和羊排骨，以此来确保每周喂食多种生鲜肉骨头。

至于肉餐，笔者每周饲喂两次牛肚、一到两次牛心、一次鸡心，其他几顿喂碎羊肉或碎牛肉，有时会添加鸡蛋或原味酸奶、干酪等乳制品。此外，笔者还会在一些膳食中添加肾脏或肝脏，以此确保 5%～10%的内脏肉配比。这里再次强调，不要依赖像碎牛肉这样的单一肌肉。随着时间的推移，食材多元化对于确保犬的膳食平衡以及提供犬所需的全价营养至关重要。

有犬主坚持认为，在辅食中添加碎蔬菜或蔬菜粉末能够给犬提供一些额外的营养，但笔者建议每天膳食总量中蔬菜占比不要高于 25%，因为蔬菜会增加粪便的体积，还可能会导致产气。

犬主将逐步摸索出最适合自己和爱犬生活方式的饲喂方式。犬主刚开始自配鲜食饲喂爱犬的时候，遇到问题是很正常的情况。犬主可以向有经验的人寻求帮助，参考别人喂养鲜食的经验，找到更多有用的信息。加入一个鲜食饲喂群组，可以接触到一些熟悉鲜食饲喂的犬主，这样的交流能够解决很多疑问。

矿物质平衡

除了在上一章讨论过的基本规则以外，喂食鲜食时还需要记住一件非常重要的事：保证钙磷比例平衡。维持这两种矿物质平衡摄取的最好方式是每天饲喂一餐生肉骨和一餐肌肉及内脏肉。鸡蛋、乳制品和蔬菜也可以添加到肌肉内脏餐中。保证生鲜肉骨头占膳食总量的 40%～50%，就能够提供爱犬所需的钙。

鲜食喂养的营养补充剂

在第 7 章中，笔者讨论了几种针对各种健康问题而推荐使用的营养补充剂。我们同样推荐每日为爱犬提供营养补充剂，这对维持犬的健康和体型大有裨益。学习如何在犬健康需求的基础上改变膳食，会让你对犬的整体健康更有把握。

笔者推荐在犬的鲜食中，每日添加以下三种营养补充剂，以帮助犬保持健康和良好的体型。

- Berte 免疫营养复合补充剂（健康犬使用规定剂量的一半）
- Berte 绿色复合补充剂
- EPA（二十碳五烯酸）鱼油或鲑鱼油（每 4.54～9.07kg 体重每天补充 1000mg 的胶囊一粒）

鲜 食 食 谱

为了帮助犬主顺利开始生食饲喂，接下来的食谱提供了 4 天品种多样、营养丰富和口感不同的膳食。这些样本食谱可以为一只 25kg 的犬提供营养均衡的自制辅食，我们同样建议将上面列出的每日推荐营养补充剂添加到这些自配辅食中。

样本食谱一

早餐：227g（3/4 杯）牛心
57g（1/4 杯）牛肾
1 个鸡蛋
晚餐：340g（1～1½杯）鸡脖或鸡背

样本食谱二

早餐：227g（3/4 杯）碎牛肉
57g（1/4 杯）松软干酪
57g（1/4 杯）碎花椰菜或花椰菜粉末
晚餐：340g（1～1½杯）猪肋骨

样本食谱三

早餐：227g（3/4 杯）猪肉块或碎猪肉
57g（1/4 杯）猪肝
57g（1/4 杯）原味酸奶
晚餐：340g（1～1½杯）火鸡脖切至 3～4 块

样本食谱四

早餐：227g（3/4 杯）绿牛肚（未漂白）
113g（1/2 杯）牛肾
晚餐：340g（1～1½杯）鸡翅

你准备好了吗？

虽然可能需要一段时间来适应为犬准备鲜食，但经过几周的生食喂养，犬变得快乐、有活力时，犬主会知道自己做出的努力非常值得。

给犬饲喂鲜食不仅能够提供易消化吸收的蛋白质，也能完全控制犬膳食中食材的质量。当犬主看到犬变得更加健康，会获得极大的满足感，最后很多犬主会感慨没有早点儿开始饲喂生食。

犬会因为鲜食中的细菌而生病吗？

人们对饲喂生食的最大担心是，犬可能会因为感染大肠杆菌和沙门氏菌而生病。著名宠物医生兼作家理查德·皮特凯恩（Richard Pitcairn）博士一生都在研究犬的健康，他的报告指出，自他推荐生肉喂食以来，还从未发现由于饲喂鲜食导致的大肠杆菌或沙门氏菌感染的病例。保证健康的关键是，在为犬处理肉时要像给自己做膳食一样用心并注意安全，只买新鲜肉或冷冻肉。

犬挑嘴的问题

一些犬可能更喜欢某种肉类。因此，当犬主第一次尝试用新的自配辅食配方饲喂时，可能会经历一段试错期。犬主可能会发现犬完全不理睬某些食材，但不要灰心，犬可能需要一些时间去习惯食物的质地、温度和味道；相反，也有一些犬会非常喜爱鲜食。

此外，一些犬更喜欢单独进食，重要的是观察犬对新型辅食是何种反应，并以愉悦的方式来饲喂（更多信息请参考本书第 21 章“膳食适口性的重要性”）。

拓展阅读

如果犬主刚开始饲喂鲜食，除了阅读本书以外，笔者还推荐两本书籍：《切换到生食》（*Switching To Raw*），作者是苏珊·约翰逊（Susan Johnson）（www.switching-toraw.com）；《生鲜肉骨头》（*Raw Meaty Bones*），作者是汤姆·隆斯代尔）（Tom Lonsdale）（www.rawmeatybones.com）。这两本书都能提供关于犬营养需求的相关信息，并且对转变鲜食的指导非常有帮助。

另一个很好的资源是玛丽·斯兆思（Mary Straus）的网站 www.dogaware.com，这个网站收集并提供了鲜食喂养的食材来源、相关网站及相关书籍。

第 12 章　熟食的配制方法

自配熟制辅食

如果犬主还不太习惯给犬饲喂鲜食，那么用新鲜食材制作的熟食也是一个好的选择。如果犬主不确定自己想用哪种饲喂方式，可以尝试不同的选择，看看爱犬最习惯哪种膳食以及哪种膳食更符合犬主的生活方式。犬主可以饲喂熟制食物，再额外添加生鲜的肉骨头；也可以将生肉和熟肉混合饲喂。没有硬性规定饲喂什么辅食，只需要遵循一些简单的原则来保障犬的辅食是全价和营养均衡的。

自配熟制辅食的五个原则

自配熟制辅食在遵循基本原则之外，还有一些额外原则。

原则 1：添加钙

如果你饲喂的辅食中不含有生鲜肉骨头，你就必须添加钙剂，确保辅食中有足够的钙以保持钙磷平衡。钙的添加非常简单，可以在每 454g 食物中添加 900mg 碳酸钙或者半茶匙（约 3g）磨碎的鸡蛋壳。

原则 2：尽可能做到犬粮食材的多样化

犬主需要尽可能地丰富食材的种类，这正是均衡辅食的关键。在为爱犬饲喂多种肉类的同时，也可以烤制新鲜的鱼，或者使用鲭鱼、鲑鱼、沙丁鱼罐头。熟鱼和罐装鱼含有爱犬可以安全摄入的鱼类软骨，并且可以提供爱犬所需的钙，这是一个重要的优点。因此，在为爱犬饲喂熟鱼肉辅食时，不需要额外添加钙。

原则 3：保证动物蛋白占辅食的 75%

犬辅食的主要部分应该是动物蛋白。常见的动物蛋白包括动物的肌肉组织、内脏、蛋类和乳制品，但 75%的动物蛋白只是一个理想值，动物蛋白占比不能低于 50%。犬主需要特别注意，肉、酸奶、蛋类等占辅食 75%不等于蛋白质含量占 75%，这些食材还含有水、脂肪和一些纤维。

原则 4：提供植物纤维

如果犬主没有为爱犬饲喂生鲜的肉骨头，就需要在自配辅食中补充蔬菜，以确保爱犬能够获得高质量的纤维。爱犬理想的辅食中 75%的组分应该是动物蛋白，而剩余 25%的组分应该是蔬菜。为使犬能更好地消化，犬主需要完全熟化蔬菜（水煮或者蒸），然后捣碎或者在食物加工器里打碎成泥。如果犬主考虑一次性烹制较大量的蔬菜以备多餐使用，可以将熟制的蔬菜冻进冰箱，之后再和肉一起搭配使用。犬主应选择使用多种蔬菜，使用的蔬菜种类越多，提供的营养也就越丰富，而且还能帮助爱犬保持对不同膳食的兴趣。

原则 5：把谷物含量降到最低

如果犬主考虑在自配辅食中添加谷物，需要注意谷物在辅食中的占比不能超过 1/6。谷物会增加粪便的体积，并且有时候犬不能完全消化这些谷物。如果想在辅食中添加大米、大麦、燕麦等谷物，一开始需要少量添加，并且注意观察爱犬的反应。

自配爱犬辅食的准备

现在犬主已经了解了为爱犬饲喂自配辅食的基本原理，接下来介绍一些简单的自配辅食的食谱。基本原则是辅食中动物蛋白和脂肪来源占 75%、蔬菜占 25%，然而每只犬都不一样，犬主应该根据犬的喜好、身体状况和需求来饲喂辅食。饲喂辅食时，遵循动物蛋白与蔬菜 3∶1 的“经验法则”是非常重要的。爱犬需要犬主尽可能地提供优质的蛋白质。蛋白质过量好过蛋白质摄取不足。更不要忘记钙，犬主必须在每 454g 食物中添加 900mg 钙补充剂来确保钙磷比例维持平衡。

黛比女士的经历

黛比（Deb）女士有三只比熊犬，分别是 8 岁、9 岁和 12 岁。这三只犬均为获得救助的流浪犬，黛比女士并不了解它们之前的生活，但能确定的是它们都很虚弱，“这三条流浪犬都患有严重的疾病，慢性耳道感染，肠道过敏，慢性丘疹，经常性皮肤瘙痒，经常舔舐真菌感染的脚，泪痕，消瘦，毛发粗糙，脱毛，肛门腺肿大，关节炎”。因为宠物医生没办法提供任何有帮助的治疗，黛比尝试了市面上能买到的所有商业犬粮，希望三条流浪犬的健康情况能有所改善。“没有任何帮助，我已经试过了所有办法”，黛比女士如是说道。

在找到我的网站并开始研究家庭自备辅食后，黛比女士开始饲喂不含谷物和添加剂的自配辅食。黛比女士说：“这些改变非常棒，我现在可以诚实地说犬的所有健康问题都好了。它们现在生活快乐、健康，并且享受用餐时间”。

熟制辅食的材料

如果犬主打算为爱犬饲喂熟制辅食，我们在第 10 章中讨论的除生鲜肉骨头外所有的肌肉和内脏肉都适合烹制。表 12.1 列出了推荐的肌肉、内脏肉和其他食物，以帮助满足爱犬对于动物蛋白的需求。

表 12.1 自配熟制辅食的食材推荐

肌肉	内脏肉
牛肉、牛心*	牛肝和牛肾
鸡肉、鸡心*	鸡肝和鸡肾
羊肉、羊心*	羊肝和羊肾
猪肉、猪心*	猪肝
火鸡肉、火鸡心*	
熟制鱼或鱼罐头（鲭鱼、鲑鱼或沙丁鱼的水浸罐头）	
鲑鱼或沙丁鱼	
乳制品	**其他**
酸奶	蛋类
干酪	牛肚（罐装）
	羊肝和羊肾
	健康的剩饭

*心脏是肌肉而非内脏肉。

至于餐食中的蔬菜部分，表 12.2 提供了多种选择。需要记住，餐食中的蔬菜在总辅食中占比不要超过 25%。

表 12.2 蔬菜推荐

西兰花	红薯
卷心菜	胡萝卜
深绿皮西葫芦	黄皮西葫芦
花椰菜	羽衣甘蓝
菠菜	芥菜

对于有关节炎和关节问题的犬来说，平时的辅食最好避开茄属蔬菜，这类蔬菜包括马铃薯、番茄、茄子和胡椒。茄属蔬菜会加重对关节的刺激性，并导致关节炎症。

下列食谱列出的样本辅食为一只 22.68kg 犬的一日两餐，45.36kg 的犬食物量加倍，11.34kg 的犬食物量减半。将食谱分为两餐，每天分开饲喂。

熟制辅食食谱示例

样本食谱一

340g（1½杯）牛肉
113g（1/2 杯）原味酸奶
57g（1/4 杯）肝脏
170g（3/4 杯）红薯泥
1350mg 钙
2 粒 1000mg EPA（二十碳五烯酸）鱼油胶囊
1 茶匙 Berte 免疫营养复合补充剂

样本食谱二

340g（1 1/2 杯）鸡肉
57g（1/4 杯）
1 个鸡蛋
57g（1/4 杯）牛肾
170g（3/4 杯）熟卷心菜和深绿皮西葫芦（混合）
1350mg 钙
2 粒 1000mg EPA（二十碳五烯酸）鱼油胶囊
1 茶匙 Berte 免疫营养复合补充剂*

犬主可以适当调整辅食配比，例如，将牛肉和鸡肉替换成鲑鱼罐头、鲭鱼、火鸡肉、羊肉、牛心或者碎猪肉，也可将表 12.2 中列出的蔬菜搭配混合在辅食里。如果犬主手边没有乳制品或鸡蛋，可以在餐食中添加更多的肉类来弥补。饲喂自配熟制辅食最简单和最方便的方法是预先烹制一大批辅食，以一餐的量将其分装、冷冻，然后在喂食之前解冻一晚上。犬主可以准备一些鱼罐头、罐装牛肚和乳制品，以防忘记准备辅食或者忘记预先解冻食物。如果需要带上爱犬去自驾旅行，或者将爱犬交给保姆照顾，这些罐装食物也很方便。

---

* 如果犬主刚刚开始改变犬的辅食，益生菌和消化酶也是一类优质的补充剂，其能够帮助犬完成从商品粮到鲜粮的转变。Berte 免疫营养复合补充剂含有维生素 C、维生素 E、复合维生素 B、酶和益生菌，犬主可以选择 Berte 免疫营养复合补充剂。健康的犬可以饲喂一半剂量。如果犬主不喜欢益生菌和消化酶，但需要补充微量矿物质和维生素，Berte 日常复合补充剂含有维生素 C、维生素 E、复合维生素 B 以及微量矿物质，也是营养补充剂的良好选择。

如果犬主需要预制一大批自配辅食并冷冻保存，营养补充剂一定要在饲喂爱犬的时候再添加。将自制辅食和营养补充剂预先混合，一起冷冻保存会破坏补充剂的营养成分。

熟制辅食的补充剂

由于熟制辅食中不包含生鲜肉骨头，爱犬无法获取充足的钙，因此必须每454g 食物中添加 900mg 钙。如果饲喂的食材种类多样，犬应该能够摄取到所需的所有营养，但笔者仍然推荐使用适当的补充剂。当饲喂自配熟制辅食时，我们推荐下面的每日补充剂：

- 钙：每 454g 食物 900mg；
- EPA（二十碳五烯酸）鱼油胶囊[180mg EPA/120mg DHA（二十二碳六烯酸）]：每 4.54～9.07kg 体重 1000mg；
- 维生素 E：每 4.54kg 体重 50 IU；
- 维生素 C：每 4.54kg 体重 100～200mg；
- 复合维生素 B：体重 22.68kg 内的犬每天 25mg；体重超过 22.68kg 的犬每天 50mg。

第 13 章　自配辅食是商品犬粮的有益补充

混 合 喂 养

想要为爱犬做膳食上的调整，但又迟迟不敢做出改变，犬主的这种犹豫不决是较为普遍的现象。在犬的日常膳食上，多数人对直接饲喂生食或者自制辅食抱有怀疑的态度。这种过分担心是不必要的，犬对于辅食的接受并没有想象中的那么困难。

本章旨在帮助犬主们减轻焦虑。笔者会提供一种便捷的方法来强化爱犬辅食中的营养，即在饲喂商品犬粮的同时补充一些新鲜的食材。

弥补营养素的损失

商品犬粮由经过加工的、灭菌的和变性的原料所构成，原料单一，可能无法提供犬健康所需的全部营养。商品犬粮或许可以提供宠物食品行业所建议的全部营养素，但是新鲜的天然食材依然有一定的不可替代性。欧米迦 3 脂肪酸、维生素 B 和 C 以及某些必需氨基酸等营养素可能在高温加工时遭受一些破坏。抛开商品标签和产品外包装上的广告照片，商品犬粮与新鲜食材中优质的营养成分含量仍然有区别。

在用商品犬粮喂养的同时，添加一些新鲜食材，可以给犬提供更充足的营养素。新鲜食材也可以提供多种商品粮无法提供的风味，犬会因此而更加快乐。

同时，新鲜食材的风味对食欲低下的爱犬有帮助。不论因为疾病、旅途劳顿还是应激导致爱犬的食欲减退，新鲜的天然食材都可以刺激犬食欲的恢复，并提供缺乏的营养素。

混合辅食配方

商品犬粮由过量的碳水化合物加工组成，所以配方里不需要再添加任何额外的碳水化合物。在商品犬粮基础上添加新鲜食材，只需要添加新鲜的动物蛋白和脂肪，表 13.1 中列举了推荐添加的食物。

表 13.1　商品犬粮基础上推荐添加的食材

肌肉	内脏肉	其他
牛、牛心	牛肝、牛肾	鲭鱼、三文鱼或沙丁鱼罐头
猪、猪心	猪肝	鸡蛋
羊、羊心	鸡肝	全脂酸奶
鸡、鸡心	火鸡肝	茅屋干酪
火鸡、鸡心		

注：内脏类（如肾脏和肝脏）可以一周两次、少量添加。

第 9 章和第 10 章讨论的简易烹饪方法和生鲜辅食的制作，也可以作为商品犬粮的日常补充。鲜粮中不含任何碳水化合物，只需要按照新鲜辅食的添加量来相应地减少商品犬粮即可。请注意，不要过量喂食犬，避免造成腹泻、消化紊乱和肥胖。

如何补充钙元素？

对于挑食的或者病后恢复的犬，想要满足其挑剔的胃口或者作为短期的食欲刺激而选择添加新鲜食物，那么钙元素在膳食中的平衡似乎不那么重要。如果犬主想长期在犬辅食中添加新鲜食物，就需要根据添加的新鲜食物量在辅食中补充钙元素。选择富含软骨的鱼罐头作为辅食补充剂，辅食中就不需要额外补充钙元素。然而，如果鲜粮有超过半数以上不含钙（骨质），就需要对每餐鲜粮添加适当的钙元素。

每 454g 鲜粮需补充 900mg 钙，钙元素必须来自碳酸钙或者蛋壳粉。当选择不含骨质的鲜粮作为辅食时，以下是需要在商业犬粮中补充鲜粮时的钙的计算公式：

113g 食物——225mg 钙；
227g 食物——450mg 钙；
340g 食物——675mg 钙；
454g 食物——900mg 钙。

简易的混合喂养

为了更好地帮助混合喂养，笔者列举了一些简单的食谱，如商品犬粮和鲜粮的 1∶1 食谱。犬主也可以改变这个比例，选择增加商品犬粮并减少鲜食，达到 3∶1 的比例；或者减少商品犬粮并增加鲜食，达到 1∶3 的比例。此外，在转变为商业犬粮与自配辅食混合喂养的过渡期间，可以选择添加一些促进消化的酶或益生菌来帮助犬的消化。尽管大多数犬不需要这些额外的补充，但是添加这些酶和益生菌可以帮助它们更好地适应膳食的变化。犬主可以放心地根据犬的喜好、自配辅食的便捷性以及犬主喜欢的喂养方式，选择不同比例的混合喂养食谱。表 13.1 中列出的任何一种食物组合都可以作为选项。

简单的犬粮和鲜食搭配

下面是体重 22.68kg 犬的食谱。

早餐

170g（3/4 杯）优质犬粮

113g（1/4 杯）瘦肉（牛肉、牛心、鸡、火鸡或羊肉）

1 个鸡蛋

2 粒 1000mg EPA（二十碳五烯酸）鱼油胶囊

1 茶匙（6g）Berte 日常复合补充剂

1 片 Berte 消化酶补充剂（Berts's zymes）

1/2 茶匙（3g）Berte 超微益生菌粉

或者添加一半剂量符合犬体型的免疫配方来完全替代 Berte 日常复合补充剂、消化酶补充剂和超微益生菌粉。

晚餐

170g（3/4 杯）优质犬粮

113g（1/4 杯）罐装水浸鲭鱼、三文鱼或沙丁鱼，或牛肾、鸡心、绞碎的猪肉或猪肠；或者以上食材混合饲喂。

2 茶匙（12g）茅屋干酪

每隔一天给予少量的肝脏

2 粒 1000mg EPA（二十碳五烯酸）鱼油胶囊

1 茶匙（6g）Berte 日常复合补充剂

1 片 Berte 消化酶补充剂

1/2 茶匙（3g）Berte 超微益生菌粉

或者添加一半剂量符合犬体型的免疫配方来完全替代 Berte 日常复合补充剂、消化酶补充剂和超微益生菌粉。

自制辅食喂养的转变

如果已经使用商品犬粮喂养犬一段时间，现在想转变为自制辅食喂养，又不想突然完全改变喂养方式，那么犬主可以尝试通过过渡期来完成这个转变。如果考虑缓慢地进行过渡，那么可以尝试逐步减少每天喂养商品犬粮的供给量，同时相应地增加鲜食的供给量。要是担心宠物犬不能适应膳食的变化，可以配合补充一些促进消化的 Berte 促消化复合补充剂、Berte 超微益生菌粉或 Berte 免疫营养复合补充剂。大多数情况下，只需要在改变膳食前 1～3 个月补充这些补充剂。如果爱犬在消化上还存在问题，可以继续使用这些补充剂。

当发现犬非常享受鲜食的美味，并观察到爱犬皮肤、毛发、牙齿、口气、排便和活力各个方面都在改善，这会坚定犬主自制辅食为主的喂养信心。

第 14 章　幼犬护理与繁育

本章内容主要是围绕犬的繁育来展开。对于想要繁育犬的宠物主人来说，这些有价值的信息能够帮助你避开误区。本书接下来的章节将会讲述犬孕期的膳食和幼犬饲养，因此本章不再集中讲述有关膳食和营养的内容。笔者会在本章提供关于母犬成功产仔和出生幼犬护理的最佳建议。

犬的繁育工作，不仅要保证过程安全，同时还要保证繁育高效。从笔者多年的经验来看，将自然繁育和传统繁育结合起来，有助于取得成功并达到最佳的效果。

重要说明：繁育犬和护理幼犬不是一件容易的事，笔者建议做好以下准备。

- 多做相关知识的储备；
- 寻求专业人士的指导；
- 有全天候的宠物医生应对意外状况；
- 阅读关于犬繁育的书籍；
- 还要考虑到一些伦理问题；
- 在犬生产前，必须要考虑幼犬的未来安置问题；
- 不要以繁育幼犬来赚钱；
- 不要固执地认为犬“一定”需要繁育后代，繁育并不是犬的必选项；
- 要带着目标进行繁育工作，尤其是想通过繁育来改良犬品系时，要实现这个目标，犬主需要提前了解该品系纯种犬的一些判定标准；
- 要确保公犬和母犬都通过了该品系的健康卫生检查。

产前与产后的营养素补充

要想有一窝健康的幼犬，首先要有一个健康开心的母犬。为此，犬主需要给生产后的母犬提供高品质的辅食，并给它补充一些帮助调节荷尔蒙及预防营养缺乏症的补充剂。在辅食选择上，鲜食辅食可以给母犬提供多种多样的、富含生物活性的物质。多种类型的肉及动物蛋白可以确保母犬获得它需要的所有营养素。在肉类的选择上，至少需要给母犬喂食鸡肉、牛肉、猪肉、羊肉这四种肉类。其他优质肉类还包括火鸡肉、兔肉、野味（如麋鹿肉、鹿肉及鱼肉）和鱼类（如罐装鲭鱼、三文鱼和沙丁鱼）。由于罐装金枪鱼汞含量过高且缺乏骨质，所以不建议喂养使用。

喂养高碳水化合物（或者说高糖）辅食会导致犬内分泌失调，从而影响其生育能力。摄食高升糖指数的膳食后，会产生一个持续 15～30min 的血糖高峰，接着血糖水平会下降。这样的血糖波动需要机体释放皮质醇和肾上腺素来恢复血糖水平，长此以往，肾上腺需要不断地发挥调节功能，最终导致肾上腺功能减退。肾上腺的主要作用就是分泌荷尔蒙，它需要不断分泌荷尔蒙来调节血糖水平的平衡，这会让肾上腺分泌功能负担过重。较低的激素水平会对公犬和母犬的生育能力产生影响，这涉及雌激素、孕酮和睾酮水平。此外，许多碳水化合物含有肌醇六磷酸，其能够阻碍机体对必需矿物质的吸收，尤其是和繁殖能力密切相关的锌元素的摄取。

对于即将产仔的母犬来说，尽可能地通过膳食获取足够的维生素和营养素是十分必要的。建议给母犬补充维生素 E 和欧米迦 3 脂肪酸，这两种营养素都有助于正常排卵，对于荷尔蒙调节也具有关键的作用。同时，欧米迦 3 脂肪酸也有助于新生幼犬大脑和眼睛的发育，而维生素 E 能够帮助欧米迦 3 脂肪酸抵御氧化。鱼油胶囊是获取欧米迦 3 脂肪酸的最佳选择。其他需要补充的营养素还包括含生物类黄酮的维生素 C、维生素 B、维生素 D_3 和维生素 A。维生素 D_3 有助于钙的吸收，是孕期和哺乳期必不可少的维生素。Berte 日常复合补充剂是获取所有这些维生素的最便捷途径，它的补充剂配方组成里包含海藻和苜蓿，富含植物营养素和微量矿物质。益生菌有助于维持犬肠道菌群的平衡，具有促进免疫的重要作用。

在有了繁育犬的想法之初，就要开始关注母犬的膳食，要为它提供高营养的膳食，并补充所需的营养素。孕期最后 3 周之前，母犬的喂食量应与平时相当。孕期最后 3 周开始，母犬喂食量需要增加到平时的 1.5 倍；到了产前 2 周时，建议在日常膳食中最好每天补充 1～2 次山羊奶和原味酸奶。

排卵期与成功受孕

对于能否成功受孕，找准配种时机至关重要。不论为爱犬选择自然交配，还是采用新鲜精液或冷冻精液进行人工授精，这里建议一定要提前对母犬进行孕酮检测以确定母犬是否处于适合受孕的最佳时机。不管精液质量好坏或数量多少，如果母犬并未处于受孕的最佳时机，那就等同在做无用功。成功受孕有 48h 的窗口期，在此期间施行几次孕酮检测，会增加母犬受孕的概率。在孕酮检测过程中，一旦注意到还有 5～7 天就达到血清孕酮高峰值，就需要每隔一天进行测试，直到宠物医生判定母犬已经排卵。在受精方式的选择上，无论是在正确的时间内以新鲜或冷冻精液使母犬受孕，还是让母犬自然受孕，这两种方法都是最好的。新鲜精液可以保持活力数天，冷藏或冷冻精液在解冻后也可以保持活力 2～4 天，但是要牢记受孕窗口期只有 48h。

在受孕结束后，犬主只需要静静地等待，希望爱犬可以怀孕。根据笔者之前繁育犬的经历，在犬受孕 22～28 天后，就可以前往宠物医院进行超声检测，在这个阶段可以检测到胎犬心跳。在确定爱犬成功怀孕后，尽量为爱犬提供安全舒适的环境，让它安心度过孕期。在怀孕大约 8 周后，带犬做一个 X 射线检测，以估算爱犬的产仔数。

怀孕 7 周时，笔者准备了爱犬分娩所需的产箱，在底部铺了垫子，并装扮了一些爱犬最爱的玩具来帮助它适应产箱。这个产箱放在笔者的卧室里，便于更加亲近母犬以及将来出生的幼崽。对于想要繁育犬的读者来说，这是一种值得推荐的做法。为了应对爱犬在孕期可能出现的任何问题，笔者联系到一位可以随时候诊并解决问题的宠物医生，并且提前告知了两三个可靠的朋友在犬生产时来协助。

犬预产期的前几天，笔者购买了 DAP（犬安抚信息素）项圈。这种项圈带有来自哺乳母犬的信息素，可以起到安抚作用，能够帮助母犬更好地接纳产下的幼犬，以及帮助产后泌乳。这种项圈在 PetSmart 和 Petco 商店都有售卖，同时也可以在网上购买。

生产时的用具

下面没有完全列出生产时要用到的所有物品，但包括了一些比较重要的、你必须要准备的物品。

体温计

体温计可以帮助预测爱犬的具体分娩时间。在爱犬分娩前一周，笔者就开始对母犬进行每天两次测温。当犬的体温降到 36.7℃或者更低时，那么在 20～36h 内它就一定会开始分娩了。将每次测量的体温制作一个图表会非常有帮助。

浴巾和毛巾

准备浴巾和毛巾放置于产箱内，供擦干新生犬时使用。

加热垫和篮子

有的时候，新生犬出生速度很快。在母犬需要继续分娩时，可以将先出生的新生犬放置在洗衣篮内，并且在底部放上保温的加热垫。尤其要注意的是，加热垫一定要设置在加热的最低档，并且在加热垫上覆盖一两条毛巾。切勿造成新生犬烫伤。

吸球器

在有需要时，用吸球器抽吸新生幼犬口鼻处多余的体液。

止血钳、牙线和钝剪刀

用止血钳夹住脐带，用牙线把脐带绑起来打结，然后用剪刀剪断脐带。

凝胶和天然乳胶手套

当产道润滑不足而需要人为帮助将新生犬挤出产道时，需要这两个物品。在没有得到宠物医生正确的指导下，千万不要盲目地尝试拽出幼犬。

大塑料袋、面巾纸和消毒液

在丢弃污损的物品时，大塑料袋会派上用场。面巾纸和消毒液可以用来清洁。

笔记本、笔和不同颜色的缎带

笔记本用来记录生产时间、性别、体重，以及在生产过程中需要记录的其他信息。不同颜色的缎带用来标记新生犬以便于区分。

无酒精婴儿湿巾

无酒精婴儿湿巾用来清洁新生幼犬，帮助它们在出生后头几天保持干净。当母犬生产了多只新生犬或者母犬不主动舔舐清洁新生犬时，湿巾擦拭十分必要。

导尿管、10CC[①]注射器、乳酸林格氏液、针头和导管

这是一些相对专业的工具，在护理新生犬的过程中是必不可少的。导尿管和注射器是在必要时通过管饲进行喂养的工具。乳酸林格氏液、针头和注射器用来给新生犬做皮下注射。犬主需要在宠物医生的指导下学习如何进行管饲和皮下注射。一定要确保在宠物医生的帮助下学会具体操作，并且最好在新生犬出生前就学会并熟练掌握这些操作。

钙元素和能量

钙元素和能量对于分娩时的母犬是十分重要的营养素。原味酸奶、山羊奶和香草冰淇淋是保证爱犬能同时获得这两种营养素的重要膳食。

犬主自备物品

一壶咖啡、零食、一本好书、电视、充满电的手机，以及记录朋友、宠物医生及公犬主人电话号码的号码簿。

① 1CC=1ml。

倒计时

知道母犬即将临产是一件令人十分兴奋的事，但是新生犬的顺利出生还是需要提前做好充分准备。在其他所有事情准备妥当之前，需要列出以下两件最重要的事：

1. 找一个你信任的、可靠的宠物医生，在犬临产时能够提供帮助，或者在孕期有任何问题时能随时解决；
2. 如果没有接生新生犬的经验，最好找一个有经验的朋友在场，或者让他随时准备着来帮助你一起接生。

笔者在犬临产前两周就准备了产箱，并且把产箱放置在卧室，以便时刻陪在爱犬的身边。母犬在临产前通常对产箱兴趣缺乏，因此要尽早准备产箱，以便让母犬尽早熟悉和适应。准备一个质量好的、稳固的产箱十分重要。产箱需要能够为母犬和新生犬提供足够的空间。同时需要在产箱边上安装“小猪围栏”（矮围栏或防滚保护杆），这对于防止母犬踩到身后的新生犬非常重要。www.mcemn.com/WBfeedback.html 网站展示了多种不同产箱的范例，并且可供出售。如果犬主擅长动手并乐于自己制作产箱，可以在 www.mcemn.com/WB-WhelpingBox.html 网站找到一些指导方法。

在犬预产期的前一周，强烈建议安排爱犬去宠物医院进行 X 射线检查，提前知道需要接生几只新生犬，以便在安排接生的时候更加从容，而不用在半夜去给宠物医生打电话求助或连夜前往宠物医院就诊。预先知道即将出生的新生犬数量后，可以更加准确地判断母犬何时停止分娩。

当到了临产倒计时的时候，需要在身边准备几本书和杂志，或者找一些电视节目观看，等待爱犬分娩的这段时间最难熬。犬主经常感觉爱犬马上就要开始分娩了，但事与愿违，爱犬可能在两天后才开始真正分娩。

当爱犬开始出现宫缩时，需要转移到产箱内，用毛巾、羊毛围巾或棉垫子来做成垫料。棉花对于新生犬来说是安全的材料，而且可以为生产母犬提供额外的摩擦力。爱犬可能想要自己做窝，这时候建议尽可能少参与，主要让它自己完成，但也要注意随时陪伴在爱犬的身边，以备不时之需。

预产期的估算

在犬的繁育过程中，最困难的部分就是等待新生犬出世。自然界有自己的规律，母犬的分娩时刻无法精确预测，但还是有一些技巧可以帮助估算母犬产仔的大概日期。

根据经验，分娩通常发生在受孕后63天。在多重交配和人工授精受孕时，分娩时间会有所不同。进行多重交配的母犬会有多个预产日期。如果母犬距离最后交配时期超过63天还未分娩，一定要带它做检查，确保胎犬的胎心健康和其他指标正常。在人工授精受孕的情况，分娩通常发生在授精后60天，所以一定要记住犬接受输精手术的日期。如果超过预产期很多天还没有分娩的迹象，一定要去宠物医院就诊。需要牢记母犬在60～65天的任何时间都可能分娩。当怀孕的幼犬数目少或者只有单胎幼犬的个别情形下，母犬可能不产生宫缩。这种情况会带来新的挑战。如果是这种情况，知道大概的预产期就显得格外重要，以免犬超过预产期多日而不得不进行剖腹产。尽管分娩的确切日期不能被百分百地准确预测，但可以根据受孕日期、受孕方式以及胎犬数目来大概预测。

不管犬以何种方式受孕，准确预测分娩日期的最佳方法是通过孕酮检测来确定犬的排卵日期，以排卵日期来推算受孕日和预产期。

另一种预测犬是否生产的方法是每日进行体温监测，在预产期前一周，每天测量体温三次。在临产前24～36h内，犬直肠温度会降低到36.7℃或以下。每天测量三次体温，并把记录结果制作成表格是十分有必要的。在大多数时候，犬的体温范围为37.8～38.3℃，有时会偶尔降到37.2℃。由激素变化引起的体温变化十分剧烈，犬的体温会下降并保持数小时。如果体温监测频次不够，就可能会错过这个体温下降的现象。如果犬出现了体温下降或者已经进入到预产期两天内，犬主就需要时刻在家陪护爱犬。关于如何监测体温、绘制表格并追踪体温变化，可以参考网站www.debbiejensen.com/temp_chart.html。

爱犬分娩时可能出现的情况

爱犬在分娩时可能伴随行为上的变化，这些变化在每只怀孕犬上都有所不同。有的怀孕犬会表现出气喘和面露哀伤，这个过程能够持续2～3天；有的怀孕犬则表现得十分冷漠，直到第一只幼犬出生。这种行为上的变化也会因为犬第一次生产或第二、第三次生产而有所不同。经产母犬和初产母犬的表现不同，有些怀孕犬在分娩前会呕吐，而有些怀孕犬则在分娩过程中仍然进食。能观察到的普遍行为包括：眼睛张大、气喘、坐立不安、频繁变换姿势、拒食、刨地、疯狂撕扯纸张或卧具，想要找到一个安全舒适的地方来产仔。初次生产的母犬可能会不顾一切地想要去室外，这种情况是因为初次生产的母犬没有经历过宫缩，混淆了宫缩与紧急排便的感觉。有些怀孕犬不希望被监视，而有些怀孕犬却更加黏人。最重要的还是要时刻关注爱犬，根据其行为来配合并给予陪伴。

下面几个网站提供了更多关于分娩时不同行为的细节信息：

- www.dog-health-guide.org/whelpingsigns.html

- www.dogtrainingsite.net/whelpingnewbornpup/labor_and_whelping.htm
- labbies.com/whelp.htm

分娩时的注意事项

当犬临近分娩日期或分娩前几天，可以观察到爱犬会分泌一些透明的物质，这是正常的现象。如果分泌物呈现绿色、红色或者深黄色，那么就需要带去宠物医院就诊了。分泌物颜色异常很可能预示着炎症、感染、胎盘脱离导致的流产或其他病症。这时千万不要犹豫，带爱犬去宠物医院就诊。如果犬痛苦的宫缩持续超过 1h 仍未见分娩迹象，这是难产的一种表现，也需要立即带爱犬去宠物医院就诊。

如何正确地区别正常宫缩、宫缩迟缓和剧烈宫缩是非常重要的。当怀孕犬开始宫缩，它会蹬腿、发出呼噜声或看向自己的腹侧。轻度宫缩时，这些行为都很正常。剧烈宫缩十分显而易见，爱犬侧腹的肌肉起伏，腰部开始出现特别明显的收缩。另一个警示性迹象是，犬宫缩超过 2h 却还没有新生犬出生，如果碰到这种情况，需要立即请宠物医生来上门治疗。犬主可以在网站 labbies.com/reproduction3.html 上找到更多关于分娩迹象的信息，以及应对的措施。

分娩初始的护理

当爱犬开始分娩时，一定要详细记录新生犬的出生顺序、性别、臀位/头位、体重，以及该新生犬区别于其他新生犬的特别之处。一个经验丰富的朋友可以帮助记录这些内容。

非常重要的一点是，确保母犬知道如何移除新生犬身上的胎膜。不要认为这是母犬的本能而忽略这一重要的过程。根据实际需要，可能还需帮助新生犬移除胎膜并结扎脐带。关于如何结扎脐带，下面的网站会给你提供更多有用的信息：

- www.howtodothings.com/pets-animals/how-to-remove-umbilical-cords-from-puppies
- www.youtube.com/watch?v= -60-G54YnoQ

在分娩期间，可以给母犬喂食山羊奶、酸奶和香草冰淇淋。爱犬可能会摄食，也可能不会。这些膳食可以为爱犬提供能量和钙质，帮助母犬更好地宫缩。新生犬出生后要立即吸食乳汁，这些膳食会帮助母犬更好地宫缩并刺激母犬泌乳。

在爱犬分娩时，主人很难把握干预的尺度。笔者曾经用加热垫和加热灯给新生犬保暖。但根据经验，把新生犬放置在母犬身边，便于母犬频繁地哺乳，这样会让母犬分泌更多的乳汁。笔者将房间的空调温度设置在 21℃以上，但同时注意房间温度不能设置过高。新生犬的正常体温比母犬体温要低一些，通常只有34.4～35.5℃。大多数人觉得新生幼犬天生体温就比母犬高，但其实不然，这可能导致保温温度对幼犬来说过高。

根据经验，新生犬需要温暖的环境和优质的食物。在新生犬出生的最初几天，它们无法依靠自己维持体温，因此一定要保证周围环境的温度，并且将它们放置于母犬身边。如果幼犬打寒战，务必立即给它们保温。发生上述情况时，可以把幼犬放在衣服中，用体温温暖它们；也可以用加热垫，将温度调至低档，并用厚毛巾垫在上面。笔者的经验是将加热垫放置在洗衣篮的底部，覆盖一层毛巾，然后在洗衣篮顶部蒙一条毛巾。这样布置洗衣篮为新生犬保暖，便于在母犬为一大窝新生犬哺乳时，能够很好地轮换幼犬哺乳。这里需要注意，经常检查加热装置，以防幼犬燥热或者出现缺水的情况。

确保幼犬健康

在母犬分娩了一窝新生犬之后，首先需要检查每只幼犬是否健康。健康的新生犬会抽搐和乱动，而健康状况不好的新生犬基本上会保持静止或者嘤嘤啼哭。如果有不怎么爱动并且一直哭哭啼啼的幼犬，记得立即去咨询宠物医生。

母犬在分娩后一两天所分泌的乳汁都是初乳，这是新生犬的第一餐食物。母犬常规的乳汁比初乳更加纯白、更加浓稠，而且泌乳量更大。如果母犬没有足够的奶水来喂养新生犬，或者新生犬表现出了缺水的症状，就需要为新生犬额外补充食物。最好的方法就是管饲喂养，这需要宠物医生来指导操作。奶瓶喂养新生犬也是一个选项，但通过奶瓶喂养较虚弱的新生犬需要耗费大量的时间，而有些新生犬无法适应奶瓶喂养。下面的视频是专业的宠物医生展示如何对新生犬进行管饲喂养：www.youtube.com/watch?V=bIKWr7yRU2g。在需要管饲喂养新生犬时，需要按照本书第16章中推荐的自配处方粮喂养。犬主也可以根据需要从宠物医院购买处方粮。

对于刚出生不到4周的新生犬来说，母犬的乳汁是最佳的食物。母犬的乳汁营养全面，配比均衡，最利于滋养新生犬。泌乳犬的乳汁中脂肪和蛋白质含量都超过牛奶和山羊奶，而且富含新生犬所需要的全部营养，并且比例均衡。新生犬的肠道完全适应母犬的乳汁。在出生后的4周内，新生犬的肠道无法适应其他的食物。

在出生后2天内，一定要确保所有幼犬都能够吸食乳汁，这会帮助母犬子宫收缩复位以排出残留的胎盘，并且会促进初乳（不像正常乳汁那样浓稠，但对新生犬免疫有益）以及正常乳汁（白色浓稠）的产生。给产后的母犬饲喂高脂肪膳食（羊肉、带皮鸡肉、牛肉和猪肉的肥肉部分）也会帮助促进这个过程。饲喂全脂酸奶、山羊奶和鸡蛋也很重要。这是一个配料较为复杂的配方，可以帮助母犬分泌更多乳汁，提供所需的钙质，并能够给泌乳犬提供更多的能量。母犬泌乳需要比平常更多的能量，约为平常水平的 3～4 倍，因此母犬需要每日多次饲喂。

在少数情况下，出生不到 4 周的小犬无法得到母乳喂养，这就需要为小犬饲喂母乳替代品。这种情况的发生通常是由于母犬一次产仔量太多而导致奶水不足，或者母犬感染疾病或死亡。虽然任何膳食在这个阶段都无法完全代替泌乳犬的乳汁，但当遇到母乳无法饲喂幼犬的情况，就需要采用替代膳食来喂养。下面就是一些比较接近母犬乳汁的食谱。

4 周龄前幼犬的母乳替代配方

- 570mL 山羊奶（可以是盒装山羊鲜奶，也可以是山羊奶粉。如是奶粉要按照说明书要求兑水溶解）
- 2 个蛋黄
- 2 粒 1000mg EPA（二十碳五烯酸）鱼油胶囊
- 1/2 茶匙（3g）Berte 超微益生菌粉
- 4～6 茶匙（24～36g）全脂原味酸奶

蛋黄可以提供所需的额外蛋白质，EPA（二十碳五烯酸）鱼油胶囊提供脂肪和欧米迦 3 脂肪酸，益生菌粉和酸奶可以提供消化过程中所需的有益菌。记住，上述食材一定要混合均匀，并用接近小犬体温的温水冲泡稀释后饲喂。

新生犬的护理

新生犬已经平安出世，现在需要把它们置于充满关爱的家庭里成长。本章开头曾经提及，在繁育宠物犬的各个阶段，包括制订计划时、第一次超声确定母犬受孕时，就需要开始为他们寻找主人了，并且越早越好。需要花费时间为小犬来筛选富有责任心的新主人，并通过询问了解他们豢养犬的经验和之前遇到的问题。此外，还应该指导小犬的新主人如何正确喂养、训练，以及和幼犬的相处之道。一个合格的、做过繁育的犬主应该随时准备去帮助新的犬主，不仅仅是在将幼犬送给新主人的那一刻，而是要在幼犬今后的一生中都要给予新的犬主以帮助；当新的犬主遇到问题、产生担忧或者需要任何咨询的时候，他们应该帮助小犬的新主人，并与新犬主建立良好的关系。

刺激物

环境刺激对于幼犬社交能力的发展是至关重要的。尽管出生后 14～16 天幼犬的眼睛还没有睁开，它们在一段时间内也没有听力，但是需要让幼犬适应环境中的噪声。笔者会一直开着电视机，也经常会和幼犬说话，甚至有时会打开吸尘器来发出声音。需要让幼犬早日适应不同的噪声以及人类的声音。此外，可以把幼犬温柔地捧在手心，一天这样做几次，这对于帮助幼犬适应人类十分重要，它们会逐渐对人类产生安全感。另外一件常常被忽略的事是为幼犬修剪指甲，在幼犬很小的时候就要开始每周一次修剪它们的指甲，直到它们搬到新的家庭。母犬也会感谢人类对幼犬的这种呵护。

如果上述工作已经完成，当幼犬睁开眼睛并且可以听见的时候，它们已经能够适应不同的噪声，包括人的声音、流水声、开门或关门声，甚至吸尘器这种很大的噪声。笔者曾在产箱里放了很多不同质地、不同颜色和形状的玩具，并且把产箱放在了窗户旁边，这样幼犬们可以获得光照来逐渐适应白天和黑夜。一定要在室内抚养幼犬，最好在你的卧室里，这非常重要。最后一点重要的事项是，在9 周龄前，同一窝幼犬最好在一起抚养，这个时候的幼犬会一起学习一些有用的技能和养成一些良好的行为习惯。这类好习惯包括不咬人，以及和其他犬相处时不胆怯。幼犬过早地离开同窝的伙伴会经常紧张、吼叫和咬人，并且容易在训练时不受控制。所有这些都是幼犬建立良好社会化关系的关键部分，对正确的社交发展尤其重要。

断奶

警告：在幼犬 4 周龄前，不要尝试给它断奶。4 周龄前的幼犬完全不能消化或吸收除山羊奶、发酵酸奶和鸡蛋外的任何食物。如果打算用其他食物喂养不足4 周龄的幼犬，会导致它们的免疫系统虚弱，而且可能会在以后的日子里发生过敏。一旦犬主给幼犬饲喂了其他食物，母犬将不再为幼犬舔舐清洁身体。

当幼犬 4 周龄大时，你可以适当补充一些其他食物。要学习如何喂养幼犬，可以参考第 16 章“幼犬的膳食护理”。

社会化训导

特别鼓励幼犬主人带新生幼犬去幼犬训练营，接受一些积极的训导课程。这些课程对主人来说十分重要，主人可以学到一些如何与幼犬高效沟通的技巧。这些课程可以让幼犬掌握适应社会所需的技巧，也会学到乘车时如何做一个合格的“乘客”。对幼犬进行社会化训导非常重要。对于 4～8 周龄的幼犬来说，社会化训导更是必须完成的作业。这段时间内的社会化训导会对以后的生活产生长久的影响，并且有助于幼犬成长为一只健康的、乖巧的、有良好习惯的爱犬。例如，对“坐”“卧”“站”“过来”之类的简单指令的服从，对于这个阶段的幼犬来说非常容易通过训导来实现。

解读犬行为的推荐书目

想要深入阅读关于产仔和幼犬喂养的书籍，笔者推荐珍妮·唐纳森（Jean Donaldson）所著的《文明的冲突》（*Culture Clash*），这本书会让你更好地了解你的爱犬。作者会帮助读者理解犬及它的幼崽的思考模式，并帮助犬主从将“人类”动机与犬行为相联系的常见思维误区中走出来。犬比人简单直接得多，而且始终是可靠忠诚且积极向上的。犬不会感到内疚，也不会有报复情绪，但如果犬主的行为突然变化很大或者变得专横跋扈，犬会畏缩。犬需要安静、简单的命令，并且可以在良好的激励机制下出色地完成工作，如使用食物和大量的口头赞扬。请一定不要使用命令的口吻。爱犬无法理解犬主的指令，命令的口吻只会让它感到害怕和恐惧。只要我们对犬的良好行为加以奖赏，学习如何使用分散注意力和其他无伤害的方法来应对犬的不良行为，犬就会非常愿意按照犬主的要求来学习并完成指令。

在本章的最后，繁育员需要为每只幼犬的整个生命周期付出精力。作为繁育员，能够给幼犬的新主人一些犬的培训、医学护理和居家行为规范方面的建议是十分重要的。同样重要的还有如下几点：鼓励幼犬主人带幼犬参加一些培训课程；提醒新犬主注意犬的指甲不要过长；当新犬主在饲喂和膳食上出现问题时给予帮助；接下来的日子里，当新犬主产生任何问题或需要时，可以随时联系到繁育员。繁育员需要为每只幼犬负责，包括从出生、进入新家庭到它整个一生。

第 15 章　怀孕犬的膳食护理

母犬合理膳食是幼犬健康的前提

不论是人还是犬，孕期充足的营养补给都是十分重要的。正如我们前面提到的，母犬的健康快乐对幼犬的健康来说是最重要的。母犬健康快乐的先决条件是饲喂优质的膳食和一些营养补充剂，这可以帮助调节母犬激素水平，并防止幼犬在出生时出现与营养相关的生理缺陷。有些犬主可能会觉得在家里护理怀孕的母犬是个艰巨的任务，但事实并非如此，保证母犬的孕期健康以及分娩的护理远比想象的简单。只要将合理的膳食、营养补充剂和锻炼组合，你会拥有一只快乐的犬妈妈和一窝健康的幼犬。

对于怀孕母犬可以长时间饲喂同样的食物吗？

本章之前谈论过的所有食物，都可以喂食给怀孕母犬。从爱犬受孕到顺利生产的全过程中最重要的工作是通过多种食材的搭配来满足孕期对于不同营养素的需求。怀孕母犬的膳食需要含有大量优质蛋白质和充足的钙。如果采用天然食材为主的膳食来喂养母犬，那么满足蛋白质和钙的要求就不成问题。如果采用商品犬粮喂养，就要认真考虑转换为天然食材为主的膳食喂养，或至少在喂养商品犬粮的同时添加一些新鲜食物。尽管商品犬粮可以提供所需的钙，但添加新鲜食物能够提供许多其他所需的营养素。

因为天然食物中的营养素具有最高的生物可用性，笔者强烈建议采用含多种新鲜食材的膳食来喂养母犬。建议在任何辅食中都至少使用 4 种不同类型的肉类。当喂养怀孕的母犬时，肉类的选择特别重要。优质蛋白源包括鸡肉、牛肉、猪肉和羊肉，其他选择包括火鸡肉、兔子肉、野味肉（如麋鹿肉和鹿肉）和鱼（如鲭鱼、三文鱼或沙丁鱼，不包括金枪鱼罐头，因其缺少骨头且汞含量很高）。此外，酸奶、山羊奶、松软奶酪等乳制品和生鸡蛋也是良好的蛋白质及脂肪来源。为怀孕犬饲喂各种各样的膳食可以提供其所需的蛋白质、脂肪、铁等矿物质和必需维生素，这对胎犬的发育以及母犬平安度过怀孕期是很有帮助的。

怀孕母犬需要更多的食物吗？

一只正常、健康的成年母犬每天需要喂食体重 2%～3%重量的食物。然而为了满足身体的需要，怀孕母犬在孕程后期需要摄取更多的食物。在怀孕最后 3 周之前，可以喂食正常量的膳食；到了孕期的最后 3 周时，大多数母犬会需要比平时多 1/3 或 1/2 量的膳食。摄食量的增加在一定程度上取决于怀孕母犬所怀幼崽数量。到了预产期的 2 周前，应该开始每天两次为母犬饲喂山羊奶和普通酸奶，以增加脂肪摄入量。如果母犬一次孕育很多只胎犬，应该采用少量多次的饲喂方式，以适应其腹部不断缩小的空间。

处于哺乳期的犬比孕期的犬需要更多的食物，因为生产后的犬比孕犬需要消耗更多的热量。母犬的辅食要富含动物蛋白，这样才能让它有足够的能量来完成分娩，并保障在哺乳期分泌充足的乳汁。

Berte 日常复合补充剂是孕犬膳食最佳的补充剂，有助于孕犬获得需要的所有维生素，尤其是维生素 D。

怀孕期间所需的矿物质和营养补充剂

虽然天然食物可以提供优质的营养，但为了母犬顺利完成生产，还需要额外添加一些营养素。为了确保能够满足怀孕母犬所需的额外营养需求，使用营养补充剂格外重要。从计划开始繁育犬的那一刻起，犬主就需要了解营养膳食及所需营养补充剂的重要性。

欧米迦 3 脂肪酸

欧米迦 3 脂肪酸在犬的各个阶段都是必需营养素，在孕期更是不可或缺。欧米迦 3 脂肪酸和维生素 E 对调节激素水平和生育能力至关重要。此外，欧米迦 3 脂肪酸对新生犬大脑、眼睛以及神经的发育也发挥着至关重要的作用；同时，对稳定健康的免疫系统也有重要意义。

B 族维生素

B 族维生素对神经发育、肾功能、生育能力、胃肠道肌张力、眼睛和皮肤等都很重要，还有助于预防幼犬先天性缺陷。因此，补充多种 B 族维生素十分重要。由于 B 族维生素在小肠中吸收存在一定的竞争性，所以需要以相近的剂量来补充。

维生素 B_1（硫胺素）

在怀孕期间，母犬对维生素 B_1 的需求量不断增加。缺乏这种维生素会导致新生儿凋零症候群以及性别发育迟缓。在保护细胞和支持细胞发育时，也需要维生素 B_1。含有这种维生素的食物包括内脏肉、猪肉、蛋黄、家禽肉、鱼和花椰菜。

维生素 B_2（核黄素）

核黄素对修复组织和缓解应激具有重要作用，核黄素缺乏还可导致贫血。维生素 B_2 对视力健康和泌乳也很重要。酸奶、鸡蛋、肉、家禽、鱼、肾和肝中都有较高含量的维生素 B_2。

维生素 B_3（烟酸）

烟酸和烟酰胺对皮肤健康发挥重要的作用，此外也有助于提高机体的警觉性并避免抑郁。维生素 B_3 的食物来源包括牛肉、猪肉、鱼、牛奶、奶酪、鸡蛋、花椰菜和胡萝卜。

维生素 B_6

维生素 B_6 对于氨基酸和必需脂肪酸的代谢很重要，它还有助于机体吸收铁、维生素 B_{12} 和锌。在人类营养学的研究中发现，孕妇容易出现维生素 B_6 的缺乏，而且这种缺乏症会导致新生儿的抽搐和烦躁不安。维生素 B_6 缺乏也会导致免疫系统障碍和贫血。唇腭裂也与维生素 B_6 缺乏有关。含有维生素 B_6 的食物包括牛肉、猪肉等红肉，以及鸡肉、鱼、鸡蛋、菠菜和胡萝卜。

维生素 B_{12}

维生素 B_{12} 对神经的发育非常重要，并有助于预防贫血。维生素 C 可以增强机体对维生素 B_{12} 吸收的能力，食物来源包括羊肉、牛肉、牛肾和猪肝。

叶酸

叶酸，也被称为维生素 B_9，对遗传物质 RNA 和 DNA 的形成很重要，对大脑的良好发育也十分必要。缺乏这种维生素可导致母犬贫血和新生犬的生理缺陷。牛肉、羊肉、猪肉、鸡肝和深绿色叶类蔬菜是叶酸的食物来源。

叶酸有助于预防神经管发育缺陷、唇腭裂和脊髓缺陷等几种先天性缺陷症。叶酸的膳食来源主要包括猪肉、家禽和肝脏。此外，还可以通过在爱犬受孕 2 个月之前以及在胎犬发育前期添加叶酸强化型的谷物来预防。

生物素（维生素 H）

生物素对良好的甲状腺、肾上腺、卵巢和睾丸功能都很重要。这种营养物质对胎儿也很重要，但胎儿常缺乏生物素。生物素的缺乏症状包括虚弱、食欲不振和皮疹。生物素含量高的食物包括鸡肉、羊肉、猪肉、牛肉、肝脏、牛奶和咸水鱼。

维生素 C

维生素 C 能够促进钙和铁的吸收，有助于免疫系统和胶原蛋白组织的生成及修复。维生素 C 可以减少分娩过程中的疲劳，并能够帮助泌乳。它是一种抗应激维生素，同时也有助于激素的合成。

维生素 D_3

维生素 D_3 对钙的吸收很重要，为胎儿骨骼发育所必需。维生素 D_3 缺乏可导致幼犬佝偻病。维生素 D_3 最好的膳食来源包括罐装鲭鱼、三文鱼、鸡蛋和乳制品，然而仅靠膳食来源很难获得充足的维生素 D_3。

维生素 E

维生素 E 通常被称为生育酚。维生素 E 对公犬和母犬都有好处，是遗传物质形成所需要的营养素，有助于预防胎儿发育的停止。维生素 E 也是一种强大的抗氧化剂，在支持神经系统、帮助循环、防止细胞损伤、支持免疫系统等多方面发挥作用，并有助于改善自身免疫问题。

Berte 日常复合补充剂

Berte 日常复合补充剂是所有这些重要维生素的方便来源，其含有海藻和苜蓿，提供了有益的植物营养素和微量矿物质。维生素 E、生物类黄酮、维生素 C、B 族维生素、维生素 D 和维生素 A 对怀孕母犬都至关重要。怀孕母犬对维生素 D 的需求经常被忽视，但事实上，维生素 D 在怀孕和哺乳期间有助于钙的吸收，因而异常重要。

钙

血钙水平的稳定对犬胎儿骨骼和牙齿的发育，以及怀孕期间和哺乳期间的母犬至关重要。如果膳食中缺乏钙，母犬将自发地活化骨骼中储存的钙，并释放进血液，以确保胎犬能够获取到充足的钙，但这会为母犬的健康带来风险。过量补充钙也会带来健康问题。笔者在前几章中讨论钙补充的原则，也同样适用于怀孕母犬。如果爱犬日常饲喂商品犬粮，或自配辅食中含有至少 40%的生鲜肉骨头，怀孕母犬也能够摄取充足的钙。这两种情况下不需要额外补充钙。如果犬主饲喂的自制辅食中不含有生鲜肉骨头，那就需要在每 454g 辅食中添加 900mg 的钙。

铁

铁对红细胞的生成和贫血的预防至关重要。铁的最佳来源是牛肉和牛心等肉类，以及肾脏、肝脏等内脏肉。鸡蛋也是铁的一大来源。

掌状红皮藻

掌状红皮藻的铁含量很高。将掌状红皮藻与其他海藻配合使用，有助于促进母犬在怀孕期间的肠胃消化功能。

镁

镁的缺乏可导致胎犬早产或胎犬的宫内发育迟缓。含有镁的食物包括肉类、鱼类和乳制品，通常不需要额外补充这种矿物质。

锌

锌缺乏可导致流产和先天性缺陷，还可能导致皮肤问题、免疫力差和精子数量低。锌有助于激活维生素 A，促进眼睛发育和健康。锌还参与了核酸 RNA 和 DNA 的合成，有助于细胞分裂、修复和生长。锌的食物来源包括肉类、家禽、鱼类、肝脏和鸡蛋。

舒缓修复精华

如果怀孕犬在分娩期间出现应激反应，提供舒缓修复精华可以帮助母犬平静下来。

维生素 A 的使用需谨慎

虽然维生素 A 是一种必需维生素，但如果在孕期过量摄入，可能会在怀孕初期的几周对胎儿造成损害。饲喂过多的肝脏或膳食中加入鳕鱼肝油都会达到维生素 A 中毒的危险水平，大型犬的每日维生素 A 剂量应该保持在 5000IU 以下，中型犬每日维生素 A 剂量应该保持在 2000IU 以下，小型犬每日维生素 A 剂量应该保持在 1000IU 以下。

小结

饲喂怀孕母犬时，需要把握以下几个关键的事项。

食物需要多样性

和孕妇一样，怀孕母犬在孕期也渴望尝试不同的膳食，可能包括它们平常并不喜欢的食物。很多时候，爱犬渴望得到更多的内脏肉。为了防止新生犬出现生理缺陷，并确保母犬每天都能摄取足够的肝脏和肾脏来满足其所需的叶酸，可以适当减掉 10% 的其他食物。母犬也可能渴望摄入更多乳制品和生鲜肉骨头。犬主可以根据犬的喜好，为它提供各种类型的食物以及它所感兴趣的食物，但要保证膳食的营养均衡。

保持犬的体形

让犬在整个孕期处于最佳身体状态是极其重要的，这对顺利生产也非常有益。每天带它散步，让它有足够的时间在院子里活动，并且给它合适的时间进行大量不影响怀孕的低强度运动。

提高喂食量

怀孕母犬在孕期的最后 3 周，需要摄食更多的食物。在产前第 5 周，就要开始给它喂食比平时多 1/3 的食物量；随着预产期的临近，逐步增加食物量。

使用补充剂

因为爱犬很难仅靠膳食来获得充足的欧米迦 3 脂肪酸、叶酸和维生素 C，一定要给母犬额外补充这几种营养素。

避免焦虑

有些犬主对于准备爱犬孕期的膳食和保障营养会感到恐惧与忧虑，但这些工作其实并不难。除了已经掌握的那些原则，只需要额外补充一些营养素，并进行一些细微的改变。通过自制辅食来满足犬的营养需求，我们发现自制辅食能够让怀孕犬变得更加强壮和健康。通过自己的努力实现犬的健康和长寿，同时获得了一窝健康强壮的幼犬，这些都会让犬主获得满足感。

第 16 章　幼犬的膳食护理

运用你已经知道的知识

与商品犬粮相比，自制辅食饲喂的幼犬通常可以摄取到更多的营养来帮助自身的健康成长。无论是一直喂养的新生犬，还是几个月大的小犬，从一开始就对爱犬的健康负责是一件既令人兴奋又极具满足感的事。

也许犬主认为家庭自制辅食喂养幼犬很具有挑战性，但事实上并非如此。只需要遵循一些额外的营养学原理和常用的辅食食谱来操作，就可以建立起健康喂养的日常习惯。

喂养成犬的大多数原理都适用于喂养幼犬，然而也存在着一些重要的差异，对于刚出生不久的小犬需要尤其注意。

摄入足量的蛋白质对犬的皮肤、毛发、肌肉、骨骼和器官健康至关重要，在喂养时宁可蛋白质过量也不要蛋白质缺乏。钙对骨骼的生长也至关重要，应该以饲喂生鲜肉骨头的方式来补充，或在不包含生鲜肉骨头的辅食中使用营养补充剂。如果犬主用商品犬粮饲喂犬，则完全不需要考虑额外添加钙。

幼犬断奶和鲜食饲养

1～4 周龄

正如我们在第 14 章“幼犬护理与繁育”中提到的，对于刚出生不到 4 周的新生犬来说，母犬的乳汁是最佳的食物。母犬的乳汁是为新生小犬的消化系统而量身打造的，乳汁中含有充足的所有必需营养素，是幼犬在这个阶段需要的“完整和均衡”的天然食物。犬主需要牢记这一点，即 4 周龄之前，幼犬的消化系统不能消化吸收母乳外的任何其他天然食物。除非在个别情况下，迫不得已为幼犬饲喂其他食物，这种情形发生在母犬的泌乳量不足，或者一窝新生犬的数量太多导致没有足够的乳汁分配给每只小犬，以及没有母犬、母犬疾病或死亡的情况下。虽然不可能完全复制母犬乳汁的营养成分，但在有需要时，笔者推荐下面的配方，和第 14 章里描述的一样，这个配方是一个尽可能接近母犬乳汁的替代品。

4 周龄前幼犬的母乳替代配方

473mL 山羊奶（可以是盒装鲜山羊奶，也可以是山羊奶粉；如是奶粉，要按照说明书要求兑水溶解）

1 个蛋黄

2 粒 1000mg EPA（二十碳五烯酸）鱼油胶囊

1/2 茶匙（3g）Berte 超微益生菌粉

4～6 茶匙（24～36g）全脂酸奶

蛋黄可以提供所需的额外蛋白质，EPA（二十碳五烯酸）鱼油胶囊提供脂肪和欧米迦 3 脂肪酸，益生菌粉和酸奶可以提供消化过程中所需的有益菌。上述食材需要混合均匀，并用接近幼犬体温的温水冲泡稀释后饲喂。

5 周龄至成年

幼犬可以从第 5 周开始摄食其他食物，一天饲喂 4 餐。如果母犬在新生犬 4 周龄后有继续哺乳的意愿，应当按照母犬的意愿。因为母犬的乳汁仍然是幼犬的完美食物，也是断奶期膳食的最佳补充。如果犬主鼓励母犬继续哺乳幼犬，切记要修剪幼犬的指甲。如果幼犬仍然是母乳喂养，要密切监测乳汁量，因为太多的乳汁会导致稀便和消化不良。当幼犬有稀便发生时，需要饲喂一些添加小麦乳（用热水调制，熬成粥状）的牛奶零食，通过添加少量的纤维来改善幼犬稀便。对于乳汁较多的母犬来说，当幼犬开始断奶时，需要的食物会更少。对于不再继续喂奶或者乳量不多的母犬来说，它们的幼犬则需要更多的食物。

通过喂养上文中提到的母乳替代配方，然后开始一点点添加绞碎肉，可以选择汉堡肉馅、绞碎的猪肉、白羽鸡肉或火鸡肉。在这个阶段，也可以选择添加一些羊肚，搭配着奶酪或酸奶。到了 5 周龄后，可以开始添加一点牛肾和牛心、鲭鱼罐头、少许肝脏、一些鸡蛋（蛋黄和蛋白）和生鲜肉骨头。

一日四餐应该包括下述食物：

第一餐：山羊奶、鸡蛋和混合酸奶

第二餐：瘦肉和内脏

第三餐：山羊奶、鸡蛋和酸奶

第四餐：生鲜肉骨头

在开始饲喂生鲜肉骨头时，建议从鸡脖子开始尝试，将鸡脖子切成小块并去皮。鸡脖子块的大小取决于幼犬的体型。对于玩具犬，鸡脖子需要绞碎，也可以留下一部分完整的鸡脖子作为咀嚼玩具。

几天后，幼犬辅食中可以尝试引入鸡翅。和鸡脖子一样，将鸡翅切成小块，使其大小与幼犬的体型相适应。对于体格较大的幼犬，将鸡翅切成两块；对于体格中等大小的幼犬，切成四块；依此类推。猪颈骨对幼犬来说是非常有嚼劲和娱乐性的，也是这个年龄的幼犬另一个不错的选择。

一旦犬主开始在幼犬的膳食中加入乳汁之外的其他食物，母犬可能会从此拒绝清理幼犬的粪便，这是完全正常的现象。

幼犬在大约 4 个月时开始长牙，这可能是一个痛苦的时刻。犬主需要关注幼犬的牙齿，当犬牙开始生长时，他们可能会失去食欲，但也要继续饲喂生鲜肉骨头或者提供咀嚼玩具及其他天然咀嚼物。在这个阶段发展咀嚼功能的最好选择是磨牙棒（风干的动物食道或韧带），幼犬咀嚼这些磨牙棒会帮助其牙齿发育和生长。

幼犬的饲喂频率与摄食量

幼犬 4 周龄的最初几天，通常每天提供四顿餐，即两顿主餐（一顿生鲜肉骨头和一顿肉类）、两顿小零食（包括山羊奶、酸奶、鸡蛋和奶酪）。一定要把所有的食物混合均匀，在室温下食用。

在生长最快的阶段，幼犬需要喂养的食物量大约是体重的 10%。根据幼犬生长阶段和活动量的大小，幼犬的食物量可以在体重 10%的水平上适当增减。对于大型犬，第 12～18 个月为快速生长阶段，而玩具犬的快速生长阶段较短，通常在 6 月龄就结束了。

> 每天为出生不久的幼犬提供三四顿餐，然后在它们牙齿长出后（通常是在 6～7 月龄后），减少每天喂食次数。

笔者通常在 4～5 月龄前每天给幼犬喂食四顿餐，此后饲喂的频率减少到三餐，包括一顿生鲜肉骨头餐、一顿肉类和内脏肉餐，以及一顿山羊奶、鸡蛋和酸奶零食餐。

当幼犬的生长速度减慢，可以慢慢过渡到饲喂普通成犬的食量，每天喂食体重 2%～3%的食物，并且将饲喂频率降至每天两次。对于代谢能较高的小型犬和玩具犬来说，最好还是保持每天喂食三四次来满足其能量需要。

下面是一些断奶期幼犬的食谱。

幼犬断奶辅食食谱

第一餐：57g 山羊奶（新鲜或罐装）
　　　　1 个鸡蛋（蛋黄和蛋白，去壳）
　　　　1 茶匙（6g）全脂酸奶

第二餐：57g（1/4 杯）碎牛肉、肝脏、切片牛心、肾脏或牛肚
　　　　1 茶匙（6g）全脂酸奶
第三餐：0.5kg 山羊奶（新鲜或罐装）
　　　　1 个鸡蛋（蛋黄和蛋白，去壳）
　　　　1 茶匙（6g）全脂酸奶
第四餐：3～5 个鸡脖子或 2～3 个鸡翅
第五餐：猪颈骨、牛或羊肋骨，用来咀嚼玩耍

犬主可以在断奶幼犬辅食中用罐装鲭鱼、鲑鱼或沙丁鱼来代替其中一餐，每周一两次。与成犬辅食一样，内脏应该只占总辅食的 10%，主要喂养牛肉、猪肉、羊肾与一些肝脏。

虽然不是十分必要，可在辅食中可以添加一两茶匙研磨过的蔬菜或蔬菜泥，确保蔬菜量少于总膳食的 1/6。好的蔬菜选择包括深绿色蔬菜、深绿皮西葫芦、西兰花和卷心菜。也可以选择喂一些胡萝卜、西葫芦、花椰菜或南瓜罐头。一定要蒸熟或煮熟蔬菜，打成泥和肉类一起混合后喂养。

转变为成犬辅食

当幼犬到了 3～4 月龄时，逐步停止喂养牛奶和鸡蛋。可以先把两餐牛奶和鸡蛋削减为一餐，选择在蔬菜和肉类那一餐中加入牛奶和鸡蛋。当幼犬长到 5～6 月龄的时候，可以逐步完全停喂牛奶和鸡蛋。

辅食中生鲜肉骨头的比例

钙和磷是幼犬辅食中两个最重要的因素，喂食生鲜肉骨头有助于钙磷平衡。我们已经知道，成犬膳食中需要各种各样的食物，幼犬辅食中也需要不同种类的生鲜肉骨头、瘦肉、内脏、鸡蛋和乳制品，或者添加少量煮熟和打成泥的蔬菜。

虽然生鲜肉骨头是钙的最好来源，有助于幼犬成长，但是生鲜肉骨头只能占辅食总量的 40%～50%。相较于钙的摄入不足，过多的钙摄入可能会更加危险。

商品化的幼犬粮转换为家庭自制辅食

很多时候，我们第一次看到新生幼犬是在它出生和饲养一段时间之后，有可能带回家的幼犬之前没有喂养过家庭自制辅食。我们希望你带幼犬回来后，就开始用天然食材为主的家庭自制辅食喂养。为了消除犬在换粮期出现的不适，换粮需要遵循以下简单的原则。

简单性原则

开始饲喂自制辅食时，要遵循少量多次的原则。大多数幼犬可以适应这种快速膳食转变。有些幼犬在初次接触鲜食时，可能不知道如何摄食鲜食。这里可以试着以肉、酸奶、鸡蛋和少量犬粮混合喂养一段时间，然后再逐渐去掉犬粮。

关注点

在幼犬换粮期，犬主自身的便利性和幼犬的反应都非常重要。关注幼犬对膳食的反应，相应调整换粮的节奏。

防范应激

尽量让幼犬用餐时不要感到任何压力，并按照时间表保持喂食时间的一致性。如果幼犬似乎对鲜食不感兴趣，不要生气，拿起碗，走开，过一会儿再为幼犬喂食，幼犬就会凑过来进食。

对于幼犬的喂养

把生鲜肉骨头与商品犬粮分开，不要在同一顿膳食中一起饲喂。一些幼犬可能很高兴得到生鲜肉骨头，但一些幼犬可能需要从绞碎肉和小块骨头开始进食这类生鲜肉骨头。这种情况可以用剪刀或切刀将肉切开，并用锤子砸碎骨头以便电动绞肉机进一步绞碎。

切勿饲喂冷食

大多数幼犬对口感和温度十分敏感。为了避免发生胃部不适，应该给幼犬喂食和室温温度差不多的食物。

饭后休息

永远要记住，幼犬在餐后需要时间消化，它们经常需要小睡一会或需要排便。在幼犬辅食中添加一些 Berte 消化酶补充剂，可以帮助其更好地从商品犬粮喂养转变为家庭自制辅食喂养，小型和中等体型犬的幼犬只需要 1/4 片，大型犬幼犬需要半片。

胃部不适

在换粮时，幼犬通常会产生些许胃部不适，这是十分普遍的现象，不需要过分担心。如果幼犬发生了胃部不适，可以对幼犬禁食几小时。再喂下一餐时，喂食的分量尽量少一些，并且减少脂肪摄入。喂食过多或者脂肪摄入过多，是导致幼犬胃部不适的主要原因。

如果胃部持续不适且未得到改善，就要带幼犬去宠物医院就诊，以排除一些严重的病因。可以做一个粪便检查来确定是否因为寄生虫感染而导致这种胃部不适。

大多数情况下，幼犬胃部不适是因为喂食过多，或是因为脂肪摄入过多。这两个问题很容易解决，可以通过给幼犬喂一些食物来缓解。煮熟的卷心菜是改善胃部不适的最佳食物。如果幼犬发生腹泻或呕吐，犬主也可以采用一些有效的家庭治疗手段。

治疗腹泻的方法

引起腹泻的原因主要是暴食。可以给幼犬喂食一些原味罐装南瓜来改善稀便。对于体重在 13.61kg 以下的犬，需要饲喂 3g（半茶匙）；对于 13.61～27.22kg 的犬，需要饲喂 6g（1 茶匙）；对于体型更大的犬，则需要饲喂 12g（2 茶匙）到 15g（1 汤匙）。

治疗呕吐的方法

如上文提到的，卷心菜是一种可以缓解胃部不适的食物。将卷心菜煮 15～20min，冷却，给幼犬按照 6g/4.54kg 体重的标准喂食。

蛋白质和幼犬

幼犬的生长发育速度十分惊人，它们需要优质蛋白质来保证生长。动物源性蛋白是组建幼犬身体的基石，幼犬需要大量的蛋白质来合成健康的肌肉和骨骼，保障神经和器官发挥正常功能，并维持健康光亮的皮肤和被毛。

蛋白质在相当长一段时间内是一种有争议的营养素。人们认为摄入过量的蛋白质会导致犬的关节疾病，对于大型犬尤其严重。大量的最新研究表明，事实并非如此。幼犬，甚至成犬，都需要大量的动物源蛋白质来保障其生长和健康。

普瑞纳宠物护理中心的研究表明，膳食中的高蛋白对于幼犬生长和预防疾病非常重要。在其中一个研究中，饲喂低蛋白膳食的幼犬相对于饲喂高蛋白膳食的幼犬会出现生长速度迟缓的现象。给生长迟缓的幼犬饲喂高蛋白的膳食后，它们开始正常发育和生长。针对不同品种幼犬的大量研究发现，摄食高蛋白膳食的幼犬并没有出现任何早先研究中关于过量蛋白摄入而导致的健康问

> 如果犬在进行耐力型运动竞赛，它的膳食中应该含 50%～70%的脂肪。更多信息请参考 www.livescience/animals/080925-sled-dogs.html

题。与早先研究的结论相反的结果是，这些摄食高蛋白膳食的幼犬生长得更加健壮。

幼犬的膳食中需要含有超过15%的蛋白质，才能满足正常生长发育的需要。荷兰乌特勒支大学宠物兽医学博士赫尔曼·A.哈泽温克（Herman A. Hazewinkel）教授研究发现，把膳食中蛋白质含量增加至32%对幼犬没有损害。然而，膳食中蛋白质含量仅维持在15%会导致幼犬出现明显的蛋白质摄入不足。蛋白质摄入过少会减缓幼犬的生长速度，并且减弱免疫反应的应答功能。充足的蛋白质摄入应该是膳食中蛋白质含量在15%以上，这同时适用于小型犬的幼犬和大型犬的幼犬。

不管喂养大型犬还是小型犬，饲喂蛋白质的金标准是蛋白质的品质，而不仅仅是摄入的蛋白质的总量。一定要尽可能地始终给犬饲喂优质的动物蛋白，这样才能保证犬获得充足的蛋白质来满足自身需要。为爱犬饲喂低蛋白的膳食时，常会造成爱犬过量摄食的现象，幼犬因此会出现如关节炎和关节变形等一系列的健康问题。

营养补充剂

在幼犬喂养过程中，通过辅食喂养来补充所有的营养元素并非易事。因此，使用补充剂在保证幼犬健康成长中就显得十分重要。下面列举了在幼犬断奶期及后续喂养过程中建议添加的营养补充剂。

- Berte日常复合补充剂：这种维生素补充剂能够帮助幼犬代谢掉膳食中的钙，并提供更多的维生素和营养素。幼犬会被这种美味的粉末所吸引，这种粉状的营养补充剂非常便于与膳食混合。小型或中型幼犬需要每次饲喂1.25g，而大型幼犬则需要每次饲喂2.5g；每日两次。
- Berte 绿色复合补充剂：这种补充剂提供幼犬所需的矿物质和植物营养素。小型或中型幼犬只需要0.75g，而大型幼犬则需要1.5g；每日两次。
- Berte超微益生菌粉：这种补充剂提供爱犬所需的各种有益消化细菌，帮助维持消化系统健康和粪便成型。小型或中型幼犬需要每次饲喂1.25g，而大型幼犬则需要每次饲喂2.5g；每日两次。
- EPA（二十碳五烯酸）鱼油：这种补充剂提供欧米迦3脂肪酸，保证大脑和神经正常发育，有助于健康的皮肤和毛发。按照每4.54～9.07kg的体重，每日给幼犬饲喂一粒1000mg胶囊。

小结

尽管有太多需要牢记的知识点，但饲喂幼犬并不复杂，犬主只要遵循下面这些简单的原则。

使用优质蛋白质

如果为爱犬饲喂商品犬粮，需要选择那些使用优质蛋白的高端犬粮品牌。如果饲喂自制辅食，不论是鲜食还是熟制的辅食，都选择优质蛋白，并且尽可能给幼犬提供一系列不同种类的蛋白质。

保持幼犬和成长中犬精瘦的体型

切记不要过度喂食。过量饲喂会导致犬胃部不适、腹泻，并导致肥胖。超重和肥胖的幼犬，成年后会有很高的罹患癌症或者其他严重健康疾病的风险，所以千万不要对爱犬进行过量的饲喂。

注意钙的摄入量

了解本章中不同膳食喂养方案对于钙摄入的不同要求，注意不要给幼犬提供过量的钙。

灵活应对

每只幼犬都是不同的，在幼犬的日常膳食中做到灵活处理十分重要。幼犬食量取决于其所处的生长阶段。就像小孩子一样，幼犬的口味也会各不相同。有些幼犬十分喜爱生鲜的肉骨头，而有的则可能更喜欢碎骨头；有些幼犬可能喜欢蔬菜，而另一些则拒绝食用蔬菜。要仔细观察幼犬喜欢哪些食物，以便于更好地提供相应的辅食。如果有些幼犬比其他幼犬更加钟爱某类食物，不要单一提供爱犬所喜欢的那种食物，仍要尽可能地提供品类齐全的膳食。

如果犬主细致地遵循了这些简单的原则，将会发现犬会成长为健康而充满活力的成犬。

（有关家庭自制犬辅食的更多信息，请参阅第 10 章“自配犬辅食的方法”、第 11 章“鲜食的配制方法”和第 12 章“熟食的配制方法”）

第 17 章　玩具犬的膳食护理

充分考虑玩具犬的体型

笔者采用自配辅食的方式，多年来喂养了许多大型犬。但在第一次把布鲁塞尔格里芬犬带回家以后，笔者才开始仔细思考玩具犬的喂养策略，随后意识到对于玩具犬的饲喂原则需要做适当的调整。笔者的布鲁塞尔格里芬犬不仅体型小，而且还是反殆（俗称地包天、兜齿）。和这种小型犬生活在一起后，笔者不得不从一个新的视角来看待小型犬或玩具犬的鲜食或熟制的自配辅食。尽管一些基本的原则依然适用，但对小型犬的饲喂还是应当做出适当的调整。

正如我们之前学到的，成犬每天应该饲喂两次，幼犬每天应该饲喂四次，其中包括一半的生鲜肉骨头，以及一半的肌肉、内脏肉、乳制品（酸奶或乳酪）和蛋黄等。当我把 9 周龄的格里芬犬带回家时，它只有 1.36kg 重。那时笔者意识到，需要马上对玩具犬的食谱做调整。这种调整不只是改变每餐生鲜肉骨头的分量，而是把膳食的计量标准从千克变为克。成犬一般每天摄食 2%～3%体重的食物，幼犬一般每天摄取 5%～10%体重的食物，到底小型犬应该摄食多少分量合适呢？

小型犬比大型犬的代谢水平高，因此它们需要的膳食分量要高于大型犬每日所需要的 2%～3%体重的食物。小型犬幼犬和特别活跃的成犬可能需要每天摄入 10%体重的食物，加之偏高的代谢率，即使成年后，小型犬通常也需要两次以上的进食来避免低血糖。和大型犬幼犬相似的是，小型犬幼犬有时会吃光提供的所有食物，但有时又不会；幼犬在幼年快速发育期的摄食量会更高。

正如我们之前讨论过的，食材的多样性对各种辅食方案都非常重要，对于小型犬的辅食也至关重要。理想的情况下，一周之内至少喂食 4 种不同蛋白质来源的食物，可以包括牛肉、猪肉、羊肉、火鸡肉、鸡肉、野味和罐装鱼罐头（鲭鱼、三文鱼、沙丁鱼）。犬主也可以加入鸡蛋和酸奶作为补充，增加辅食方案的多样性。喂食多种多样蛋白质来源的食物，可以保证犬得到生长、生存所需的各种氨基酸。如果膳食方案中的蛋白质局限于一两种，则很可能导致后期出现一些过敏症状。采用有限蛋白质来源的食谱，也会限制某些其他重要的营养素（如氨基酸、矿物质、维生素等）的摄入，从而可能导致犬精神状态不佳或缺乏进食欲望。

如果犬主携带小型犬或玩具犬出行，在旅途中饲喂鲜食是较为便捷的。无论是去度假或者参加犬秀，可以将爱犬的鲜食放在车载冷藏箱里，对于车上空间或酒店房间的空间占用非常有限。当犬主用鲜食饲喂大型犬时，食物量就要大幅增加，这可能导致在旅途之中还需要多跑几趟超市采购。

对小型犬进行鲜食饲喂会带来以下一些好处：

- 清洁牙齿；
- 更小、更成形的粪便；
- 口气更清新；
- 没有狗腥味；
- 没有泪痕和脚上的红痕。

以下是一个玩具犬幼犬的菜谱。根据犬不同的代谢状态，当犬长到 9 月龄以后，每日的饲喂频率可以降到一天 3 次了。如果犬在一天喂 4 次的情况下状态更佳，继续喂食 4 次也无妨。每一只犬都是独特的，我曾有一只犬每天饲喂 4 次，而其他犬则是每天 3 次。

自配辅食食谱示例

早餐：28～71g 绞碎肉（牛肉、猪肉、鸡肉、火鸡、羊肉或牛肚）
午餐：1～2 条鸡脖，每条切成 10 块左右
晚餐：28～71g 羊奶、酸奶混合物或者是绞碎肉（骨骼肌）
夜宵：1～2 条沙丁鱼（汤罐）

幼犬的食量各有不同，需要根据犬的重量、活跃程度、生长期和发育状况来调整食物的分量。体型较小的玩具犬可能吃得更少，而一些体重在 4.54kg 以上的犬通常吃得更多。当犬长到了 6～9 月龄，就可以停止喂羊奶了，但仍可保持饲喂一日四餐的频率。可以根据需要，用酸奶、茅屋奶酪和绞碎肉代替羊奶。成年玩具犬可能需要更多的食物，所以膳食分量调整非常有必要。需要随时注意犬只的体重，对食物分量进行相应的调整。

如果犬主倾向于用熟制的辅食进行饲喂，大多数营养原则仍然适用，但差别还是存在的。一餐自制辅食需要包括至少 75%的富含蛋白质的食物和 25%的蔬菜（低糖的蔬菜更佳）。自制辅食中的蔬菜只是为了提供纤维，帮助粪便的成形。适用的蔬菜选择包括西葫芦（深绿皮西葫芦和黄皮西葫芦）、西兰花、花椰菜、深色绿叶蔬菜和包菜。

不要把肉煮得过熟。用高温把肉煮得过熟，可能会令肉类损失大部分营养。此外，犬不能消化生的蔬菜。如前文所述，蔬菜一定要彻底煮熟并切碎，或者速冻再解冻，以使它们制成菜泥。

把适当熟制的肉类和蔬菜菜泥（煮熟后捣碎或反复冻融）混合在一起饲喂，

或者根据犬主的意愿在其中添加一些酸奶或煮熟的碎蛋来保证食材的多样性。

如果自制辅食不包括生鲜肉骨头，就必须在辅食中补充钙。推荐剂量是在每千克食物中加入 2000mg 的碳酸钙或柠檬酸钙。

通常提早准备辅食分装饲喂对犬主来说更加方便。只需要简单地将自制辅食按照 28g 或 57g 的重量分装冻存，并提前一夜从冰箱中取出解冻。如果担心忘记提前将自制辅食取出解冻，可以储备一些罐装鲭鱼、三文鱼或沙丁鱼以便随时可用。

自制样本辅食菜谱

早餐

28～71g 熟制的汉堡肉馅、猪肉、白羽肉鸡肉或火鸡肉

1/2 茶匙（3g）蔬菜泥或南瓜泥

1/2 粒鱼油胶囊

$\frac{1}{16}$茶匙（0.375g）的 Berte 免疫营养复合补充剂（4.54kg 以下的犬），对 4.54kg 以上的犬则使用$\frac{1}{8}$茶匙 0.75g

午餐

28～57g 的酸奶或茅屋奶酪

晚餐

28～71g 熟制的汉堡肉馅、猪肉、火鸡或鸡肉（或者一只汤罐装的沙丁鱼，作为一周两次的替代品）

1/2 茶匙（3g）蔬菜泥或南瓜泥

1/16 茶匙（0.375g）的 Berte 免疫营养复合补充剂（4.54kg 以下的犬），对 4.54kg 以上的犬则使用 0.75g

夜宵

28～57g 的酸奶或茅屋奶酪

每只犬都具有个体差异性，需要通过调整饲喂频率以及每餐的分量来满足犬的独特需求。最重要的是，保持饲喂辅食的食材多样性可以确保犬只能得到足够的营养。含有欧米迦 3 鱼油的营养补充剂非常重要，也特别推荐添加一些含有益生菌和维生素的补充剂。

带上玩具犬去旅行

如果携带玩具犬出行，把冷冻的自制辅食带在身边非常方便。只需要把冷冻的自制辅食放在车载冷藏箱里，或者把辅食保存在带有冰块托盘的塑料袋里即可。犬主一定要控制每餐的分量，并确保食物在车载冷藏箱的密封性。在旅途中携带罐装鱼也非常方便。

只要参照建议，提供多种多样来源的蛋白质，辅食方案大体上就是完整的。然而，在每 4.54kg 膳食中加入 1 粒 EPA（二十碳五烯酸）鱼油胶囊也是值得推荐的。如果犬的体重不到 4.54kg，采用半粒鱼油胶囊，然后把剩余的半个置于密封袋，以便下次使用。加入 Berte 免疫营养复合补充剂也是优先推荐的做法，其成分包括犬必需的维生素 A、D、E、C、B 族，以及益生菌和免疫所需的酶。对于体重不足 4.54kg 的犬，推荐剂量是每日两次、每次 0.375g；对于体重超过 4.54kg 的犬，推荐剂量是每日两次、每次 0.75g。

给小型犬喂食新鲜辅食，能提供使它们保持健康的所有营养。新鲜辅食也带来了更好的适口性，可以改善爱犬的食欲。

玩具犬的营养补充剂

欧米迦 3 脂肪酸

对于玩具犬而言，欧米迦 3 脂肪酸非常重要，但其剂量要更低。应每日补充半粒（1000mg）鱼油胶囊，以支撑免疫系统的正常功能，并带来健康的皮肤和光泽的毛发。

维生素

Berte 免疫营养复合补充剂含有所需维生素 A、D、E、C 和 B 族，以及益生菌和免疫所需酶。对体重小于 4.54kg 的小型犬来说，推荐剂量是每日两次、每次 0.375g；而对于体重超过 4.54kg 的犬来说，推荐剂量是每日两次、每次 0.75g。

益生菌

益生菌能够帮助消化系统正常运行。当犬正在换粮期或者正处于患病、应激状态下，益生菌对其有很大的帮助作用。益生菌能够帮助犬消化系统构建稳定的生态系统。这种重要的平衡能够帮助免疫系统正常工作，并有利于粪便的成形。Berte 超微益生菌粉包含了适量辅助消化的物质和消化酶，让消化顺畅无阻。推荐剂量是每餐加入 0.75g。

另一种能够保持消化系统良好运转的产品称作 Immediacare GI，对处于应激状态的比赛犬特别有效。这种产品专门针对因旅行或应激导致的犬肠胃不适。该产品呈糊状，更容易饲喂给小犬和幼犬，同时也便于在旅途中携带。这个补充剂的推荐剂量是：4.54kg 及以下体重的犬，每日两次，每次 0.5mL；4.54～9.07kg 体重的犬一日三次，每次 0.5mL。

回顾一下，当幼犬达到 4 月龄时，把辅食减少到一天三次。确认每份辅食包括如下两部分：一半的生鲜肉骨头（如鸡脖子、翅膀或者是脊骨，罐装沙丁鱼、鲭鱼、三文鱼）；一半切好的肌肉，混合少量的内脏肉（肾或肺）。如果犬主不想为爱犬饲喂需要切的骨头，也可以购买绞碎的生鲜肉骨头。

如果小型犬是长毛品种，你也许会想让它们保持毛发洁净。大多数犬可以快速解决一餐而不会弄得一团糟，但也可以根据需要为爱犬佩戴毛网，以避免毛发落入食物中。

小结

一日多餐

玩具犬比大型犬的代谢率高，它们每天应该喂食三四顿，而非大型犬的两顿。

食物的多样性很重要

食物的多样性对于所有体型的犬来说都是很重要的。

保持膳食营养均衡

保持膳食营养均衡对小型犬的重要性与大型犬是一致的，唯一的差别是需要每天给小型犬多次饲喂。如果犬采取鲜食饲喂，生鲜肉骨头应该占到总食物重量的 40%，以保证钙的足够供应。如果犬采用熟制的辅食，在每 454g 食物中应该添加 900mg 的钙。如果为犬饲喂的是商品粮，就不需要额外补充钙剂。

营养补充剂

加入欧米迦 3 脂肪酸、高品质的复合维生素和益生菌在爱犬的膳食中也同样重要。不管是大型犬、小型犬，还是玩具犬，这些补充剂都会帮助它们获得保持健康需要的所有营养。

第 18 章 老年犬的膳食护理

解密老年犬的营养

当爱犬步入老年，犬主不由开始思索，有哪些办法可以令它们继续保持健康和强壮？有的犬主在这个领域做过功课，或者和周围的朋友讨论过老年犬的膳食护理，发现老年犬护理领域有各种千奇百怪的“常识”，其中很多“常识”都相互矛盾，令犬主不知所措。

有些人认为，老年犬对蛋白质的需求量降低，而对碳水化合物的需要量有所增加；其他人则声称，老年犬食谱应该与成犬保持一致。许多宠物食品制造商宣称，老年犬无法承受过量的蛋白质，因此老年犬需要一种低脂肪和高纤维的配方，以避免那些因超重导致的常见病。个别商品犬粮的商家经常推介各自的“老年犬”配方来支持这一理论，但这些配方的结果通常仅解决了超重问题。这些配方减少了蛋白质供应、增加了碳水化合物含量，完全与现实中老年犬维持健康所需要的营养背道而驰。

跟个别市场上可以买到的犬粮一样，这些“老年犬专用配方”的犬粮可能会产生与其初衷完全相反的效果。在老年犬专用配方中，犬更容易增重而非减重。这是因为，在这些特别配制的老年犬配方犬粮中，满足健康犬对于蛋白质和脂肪需求的成分远远不足。因此，犬进食后仍然感到饥饿，并不停渴求更多的食物。此外，高纤维成分加上低蛋白的犬粮，对老年犬的重要器官有损害作用，使其毛发变得粗糙无光，也会导致皮肤问题，而对期望的减重却没有作用。饲喂这种理论指导配方的老年犬特制粮，问题会很快显现出来。

老年犬同样需要优质蛋白

近年来，老年犬处方粮中的蛋白质问题引发了许多的争论。旧的理论认为，给老年犬的蛋白质含量应该减少，这也是新的研究所抨击的观点。新研究发现，优质的蛋白质对保持老年犬的健康非常重要，在犬的任何生命周期中，饲喂蛋白质的量都不应该减少。

如果膳食中没有充足的蛋白质，犬会失去一些肌肉、减重、不爱活动、免疫系统应答下调。年轻的犬会因为缺少蛋白质而表现出生长发育减缓。有研究表明，当犬的膳食中的蛋白质摄入量维持在最低需要量的情况下，犬对药物中某些毒素的反应更敏感。

早先关于老年犬需要减少蛋白质摄取的理论，是根据老年犬生理上不能代谢或处理多余蛋白质的观点。然而最近的研究反驳了这一陈旧的理论，确认了老年犬也需要高质量的蛋白质来保持机体的健康。"减少老年犬食谱里的蛋白质，可能导致相反的效果。随着宠物衰老，其利用营养的能力也随之降低了。老年犬甚至需要高出正常需求26%的蛋白质摄入，来保持和成犬体内相似的蛋白质储量。老年犬健康管理的重要方面是保持它们的体重和体况。如果摄入的蛋白质不够，身体就会从肌肉里释放蛋白质，导致肌肉萎缩、体重降低和体蛋白不足，并逐渐发展成为健康隐患，导致爱犬罹患其他疾病。因而，老年犬应该摄入充足的蛋白质、脂肪和能量，以维持它们的体重和体况。"更多内容请参考以下链接 http://dogaware.com/health/kidneyprotein.html

老年犬的肾功能问题

还有一个由来已久的观点，即肾功能障碍的犬应该少喂食蛋白质。最近的研究表明，肾有问题的犬需要优质的蛋白质来确保器官的健康和功能，而高蛋白膳食对身体和肾脏都没有负面影响。美国爱慕思宠物食品公司（IAMS，美国宠物食品公司）的科学家格利格瑞·雷哈特（Gregory Reinhart）博士指出"长久以来，内科医生和宠物医生都用减少蛋白质摄入这一策略来治疗肾功能障碍。当我们与顶级的大学营养研究所合作以后，我们发现这种限制蛋白质摄入的膳食方案可能会弊大于利，甚至导致伴侣动物处于蛋白缺乏症的风险中"。更多内容请参考以下链接 http://canismajor.com/dog/iamssyml.html。

爱犬步入老年不是一种疾病，不会导致肾功能缺失。导致肾功能缺失的因素主要是以下两个方面：

1. 在幼犬和成犬时期通常就已经显现的基因问题；
2. 肾脏压力过大，产生短期急性肾功能问题。

导致急性肾脏病的因素包括：中毒，不合理膳食方案（劣质蛋白质或碳水化合物摄入过多），缺水，特定种类的药物，麻醉，尿道感染（细菌性），钩端螺旋体感染，库欣综合征或阿迪森病，蜱传播的疾病，等等。

如果怀疑爱犬患有肾脏疾病，请与宠物医生确认，并进行诊断和治疗。如果宠物医生确诊成犬或老年犬患有肾脏疾病，需要开展进一步检查确认导致肾脏疾病的具体原因。很多原因导致的肾脏疾病可以得到有效治疗。如果在早期就解决了病因，肾脏会自行恢复。进行早期诊断的关键是时刻关注爱犬的变化，这些变化包括饮水量的增加、尿量增加、食欲减退、体重减轻以及嗜睡。获取关于肾脏疾病的更多信息，请查阅第 25 章“肾病的膳食护理”。

辅　　食

对老年犬来说，辅食非常重要。这里需要摒弃早先的错误观念。当前的研究证明，老年犬需要增加蛋白质摄入，特别是容易消化的蛋白质。这意味着需要优质的蛋白质。那些经常出现在自配辅食和鲜食食谱中的蛋白质就是很好的来源。个别商品干犬粮使用了较高含量的碳水化合物（谷物、番薯、土豆、米和其他碳水化合物），以延长产品的保质期。个别犬粮只含有少量的动物蛋白，给爱犬提供有限的营养。老年犬尤其需要优质的蛋白质来保持健康和器官功能。

综上所述，给老年犬饲喂的辅食不应与成犬饲喂的鲜食和熟制的自配辅食存在太大的差异。犬主如果常年为犬提供了足够新鲜和优质的蛋白质，也可以选择减少爱犬膳食中的脂肪含量。

现在的研究证明，老年犬需要更多的蛋白质来维持肾脏、心脏和肝脏的健康。尽管如此，许多宠物医生仍然告诫犬主减少老年犬膳食中的蛋白质。在肾脏功能减退时，为了避免爱犬产生不适感，需要控制辅食中的磷含量。对于患有慢性肾功能障碍（尿素氮大于 80mg/dL，肌酐超过 3mg/dL）的宠物犬来说，肾脏对膳食中的磷产生了代谢障碍，从而导致疼痛和恶心。即使在这种情况下，仍然可以喂食优质蛋白质，以保持爱犬体内的蛋白质水平稳定。这段时期不需要减少磷的摄入，降低磷和蛋白质摄入并不能让肾脏“休息”。实际上，提供足够的动物蛋白来源的氨基酸，对维持器官的正常功能是非常重要的。

老年犬罹患的很多肾脏疾病，都是由于在幼年阶段没有得到合理的饲喂。单纯的宠物主人认为，饲喂商品干犬粮可以提供犬需要的营养，在包装袋上注明了“营养全面均衡”的犬粮都可以让犬保持健康。但实际情况是，个别犬粮中的高碳水化合物和低蛋白会“饿坏”非常需要氨基酸的肾脏。优质的动物蛋白包含牛磺酸、左旋肉碱等多种必需的氨基酸及氨基酸衍生物，对于保持犬内脏器官的健康发挥重要作用。

真正有帮助的老年犬辅食，与在宠物店和超市货架上可见的“老年配方犬粮”存在差异。健康的老年犬辅食应该与之前我们讨论过的幼犬和成犬的生鲜辅食、自制辅食相差不大。这些辅食都含有优质、新鲜的动物蛋白和少量的碳水化合物，不需要做任何冒进的辅食配方调整，就可以保持老年犬的健康和精力充沛。

老年犬的营养补充剂

犬的暮年应当是它最快乐的时光之一。为了保证犬得到所有需要的营养，推荐使用下列营养补充剂。

EPA（二十碳五烯酸）鱼油

EPA 鱼油中的欧米迦 3 脂肪酸能够帮助犬维持认知功能，也能保护肾、肝的正常运转，且具有一定的抗炎作用，能够支持免疫系统运行。欧米迦 3 脂肪酸对保持犬健康的皮肤和光泽的被毛也有益处。

Berte 免疫营养复合补充剂

这是一种维生素、酶和益生菌的混合剂，可以有效维持免疫系统、重要器官和神经的功能。对于健康的老年犬，可以给予一半的剂量。

小结

保证优质蛋白质的供给

很多老年犬不能像年轻时候一样高效地消化蛋白质，需要更多的蛋白质来克服这种障碍，因此需要为老年犬提供牛肉、羊肉、鱼、猪肉、乳制品、鸡蛋等多种优质的动物蛋白。

超重犬需要减少脂肪摄入

如果犬超重了，犬主需要为爱犬减少能量摄入，并减少膳食的分量。用低脂酸奶和茅屋奶酪来代替全脂乳制品，把富含脂肪的羊肉和猪肉更换为含有更多瘦肉的红肌肉或者牛肉；剔掉一些生肉上多余的脂肪，或者在自制辅食的时候去除一些多余的脂肪。

减少辅食中的碳水化合物

去除土豆、番薯、胡萝卜和豆子等高淀粉或高糖含量的食材，尽量避免米饭和其他谷物。

第19章　工作犬的膳食护理

以垃圾食品为生的全明星

如果一个专业的运动员早上起来就狂塞一大堆垃圾食物，然后去参加高强度的训练或者比赛，那么他能发挥多大的力量和耐力呢？我们知道对于专业运动员来说，保持优秀的体型并确保身体能应对比赛的压力和耐力，需要合适的营养。同样的道理，如果你的工作犬吃的是由劣质原料配制的过度熟化的犬粮，它们的表现会优秀吗？为了让犬具有力量、耐力和耐心，并表现出最佳状态，需要提供完善的营养。

我们总是希望工作犬看起来始终神采奕奕，状态在线。为了达到这个目标，它们需要保持极好的耐力。救援犬需要记住味道并在路上奔跑；越障犬需要有充足的能力和极好的平衡感来跳跃，并能够顺畅且不费力地穿越拦网，精准地越过任何障碍；训练犬必须保持注意力高度集中；猎犬在比赛中需要展现耐力、勇气和对目标的专注力；健美犬必须在响铃的时候保持快乐和自信……不管工作犬从事何种工作，它们必须有健康的身体、纤瘦的肌肉和集中的精神来完成各项目标。

保持引擎运转

犬依赖蛋白质和脂肪作为机体的“燃料”。虽然专业运动员的食谱都离奇得复杂，但是对于工作犬来说，它们膳食配方的原理就很简单：日常消耗的能量越多，就需要补充越多的动物蛋白和脂肪。最新的研究表明，这个配方不仅可以让工作犬保持状态，高脂肪、高蛋白、低碳水化合物的辅食实际上还能提升它们的表现。低脂肪、低蛋白的膳食会迅速显现出对于工作犬耐力的不良影响。长期饲喂这样的膳食，会让工作犬日益虚弱，并且导致更为严重的健康问题。

在所有生物的能量消耗中，消化食物占据了很大的一部分。工作犬用来消化食物的时间越少，它们的能量就能越多地被用到赛道上或展场上。如果工作犬吃的是动物蛋白和脂肪这些容易消化的食物，它们就不需要带着满腹的食物去赛场了。动物蛋白和脂肪更高效地提供了工作犬所需的能量，并减少了胀气的概率。个别商品犬粮的碳水化合物含量很高，导致工作犬消化不良，工作中迅速呈现出疲态，尤其影响人们对于工作犬表现的期待。

增加蛋白质和脂肪

动物营养和饲料加工学博士珍妮·I.黑迪克（Jean I. Heidker）认为，“蛋白质提供了能量和氨基酸来源，能够保持犬的身体和肌肉处在完美的工作状态。锻炼增加了工作犬对蛋白质的需求。任何肌肉受伤和肌纤维断裂都需要补充更多的蛋白质来恢复。蛋白质的来源很重要——为了达到最高效的蛋白质摄入目标，摄入的蛋白质需要保持合适的氨基酸平衡。来自肉和蛋的优质蛋白保障了氨基酸的最佳平衡，并且利于消化”[48]。

对于工作犬而言，蛋白质不仅能够提供能量、提升表现，对于预防受伤也很重要。一项最近的研究发现，分别给经历过高强度训练的犬喂食不同蛋白质含量的膳食，结果表明，喂食低蛋白膳食的犬在后续的训练中易于遭受更多的伤病，在极端情况下有些工作犬甚至需要被迫停止工作；食用高蛋白膳食的犬，在训练中则没有受到伤病的困扰。这项研究发现摄食低蛋白膳食的工作犬，所有的蛋白质都被用作能量来源，而用作修复组织、产生激素所需要的蛋白质就无法从膳食中获得了。工作犬需要持续修复自身受伤的组织，因此高水平的膳食蛋白不可或缺。同时也有研究表明，蛋白质可以降低贫血的风险。

脂肪是工作犬最好的能量来源，而非碳水化合物。对于犬来说，脂肪可满足适口性，而且易于消化；脂肪与碳水化合物不同，其能够提供稳定的能量，从而可以让工作犬的整体能量供应保持稳定；脂肪能量密度高，是工作犬最佳的能量来源。

补　　水

高脂肪膳食会帮助工作犬保持体内水分，但提供充足的洁净饮水也很重要。这里必须着重强调及时为工作犬提供洁净饮水的重要性。无论天气如何、进行何种活动，需随时带上小桶、喷雾瓶、饮用水和冰块来给工作犬提供饮水。

工作犬的饲喂

工作犬膳食中的碳水化合物问题存在很多争议。个别宠物食品企业在膳食配方中强调碳水化合物的重要性。真实的情况是，工作犬膳食应该包含 40%的蛋白质和 50%以上的脂肪。这样的配比没有给碳水化合物留下很多的空间。在超市或者宠物店里，无法找到这样的适合工作犬需求的专用粮。其实，为工作犬自制高脂肪、高蛋白的辅食非常简单。

转　换

如果工作犬已经长时间饲喂商品干粮，犬主担心太快转换到鲜食可能会影响到工作犬的表现，最简单的方法就是把鲜食和商品干粮混合在一起饲喂。开始的时候，缓慢增加生鲜食材。完成整个换粮过程可能长达 6 周。如果工作犬能自然接受天然的食材，就可以马上换成生鲜食辅食或者自制辅食。如前文所述，需要用自己的方法把膳食调整到位。读一本介绍鲜食的参考书或者找一位了解换粮的专家都有帮助。

工作犬的主要食材

赛犬的示例食物包括生鲜肉骨头、肌肉和内脏肉（表 19.1）。这些食材能够提供满足赛犬最佳表现所需要的蛋白质、脂肪、水分和矿物质。碳水化合物可以完全忽略，或者通过饲喂少量低糖的蔬菜来补充。

表 19.1　工作犬的最佳食物

生鲜肉骨头	肉类
鸡脖子、背部、翅膀、腿 猪脊背骨和肋骨 牛肋骨和颈骨 火鸡脖子（切成四块） 兔子	牛心 绞碎的牛肉 猪肉 牛肚 羊肉（富含脂肪） 鹿肉（精瘦肉选项） 水牛肉 罐装鲭鱼或三文鱼
内脏肉	**其他动物蛋白**
牛肾、肝 羊肾、肝 猪肾、肝	蛋 全脂酸奶 茅屋奶酪
脂肪	**蔬菜**
EPA 鱼油	切碎，绞碎或者蒸熟的 西兰花 深色蔬菜 西芹 深绿皮西葫芦 卷心菜

工作犬的主要膳食

鲜食是工作犬最好的膳食（参见第 11 章“鲜食的配制方法”）。所有列在上面的食材都是工作犬辅食的上佳选择，然后根据工作犬日常活动等级的不同来决定是否饲喂牛羊肉等富含脂肪的肉类。这里需要重点强调的是，犬不需要用碳水化合物作为能量来源。碳水化合物不应该出现在包括生鲜肉骨头的鲜食辅食里。如果犬主确实想喂食一些蔬菜，上面列表中的低糖蔬菜可能符合要求，但这类蔬菜的占比需要很少。此外需要强调，应为工作犬提供多种食材，以确保爱犬能充分摄取其所需的全部营养。

早餐或午餐

肌肉或内脏肉

蛋

酸奶或茅屋奶酪

三文鱼油（每 9.07kg 体重添加 1000mg）

维生素 E（每 22.68kg 体重添加 400IU）

维生素 C（每 11.34kg 体重添加 500mg）

维生素 B 族（每 22.68kg 体重添加 25mg）

少量的 Berte 绿色复合补充剂（备选）

晚餐

生鲜肉骨头

三文鱼油（每 9.07kg 体重添加 1000mg）

维生素 E（每 22.68kg 体重添加 400IU）

维生素 C（每 11.34kg 体重添加 500mg）

维生素 B 族（每 22.68kg 体重添加 25mg）

少量的 Berte 绿色复合补充剂（备选）

工作犬的摄食量

工作犬每日需要的食物分量与宠物犬的需求相似，都是占体重的 2%～3%。然而，如果工作犬很瘦，或者犬在日常活动的强度下体重在降低，可能就需要为其增加摄食量。从另一方面来说，如果工作犬体重超重，适宜的喂食量是它理想体重的 2%～3%。当工作犬达到理想体重，注意调整喂食量，以免它继续减重。如果不确定工作犬是否超重，摸一下它的肋骨：如果需要用力压迫才能触及肋骨，工作犬就必定超重了；如果肉眼就能看到肋骨的形状，这显示工作犬体重不达标。

工作犬的营养补充剂

需要考虑为工作犬提供维生素和营养补充剂以帮助提升成绩、保持身体最佳状态，以及长久的健康。

- 三文鱼油能够提供能量和抗炎症效果

- 维生素 C 有助于胶原蛋白合成和抗氧化
- 维生素 E 有利于伤口愈合[①]
- B 族维生素有益于神经和脑部功能[①]
- 消化酶和能够提供有益菌群的 Berte 益生菌粉，使得工作犬能够更好应对应激的环境[①]
- 添加保护关节的 Aspen Flexile Plus

①或许也可以添加推荐剂量一半的 Berte 免疫营养复合补充剂，这是一种“多合一”的代替选项，可以取代 Berte 日常复合补充剂、Berte 消化酶补充剂和超微益生菌粉。

第 20 章　犬对动物蛋白的刚性需求

人类可以向往素食主义，但犬却是肉食动物

为爱犬搜索最佳膳食的犬主，一定会发现近几年的多篇文章中描述了犬全素食和半素食食谱。无独有偶，这类爱犬的素食食谱和推荐给素食人群的食谱有着惊人的相似。这些食谱中富含谷物，添加各种不同的蔬菜，高度推荐豆腐和豆制品。

关于素食或者半素食是人类基于自身认知的选项。然而，为爱犬做出同样素食的选择，可能会面临潜在的危险。正如在第 2 章中提到的，人类和犬在解剖学上存在显著差异。实行素食主义对犬来说是一种错误，请不要给犬饲喂素食。

无论饲喂什么样的膳食，犬都会乖乖地吃下去，毕竟它们没有别的选择。饥饿会强迫犬吃掉所有放在面前的东西。然而，犬主需要理解犬的营养需求，并为它们的健康生活担负起责任，而不是仅仅让爱犬挣扎在生存线上。

人类是杂食动物，牙齿、酶、消化道，都是为了消化植物和谷物，将其转化为可利用的营养素而“设计”的。人的扁平臼齿和上下左右活动的下巴可以帮助咀嚼粉碎植物。人类唾液中的酶可以对摄食的植物和谷物中的淀粉进行预消化。人类摄取食物时，食物在胃中的停留时间要短于在小肠中的停留时间，消化过程的大部分时间都发生在小肠里，而且小肠的长度很长，有利于全面地消化并发酵摄食的食物。

犬是肉食动物，在本质上与人类不同。犬的消化系统更短、更简单，专为消化肉类、骨头和脂肪而设计。犬的牙齿尖锐，目的就是为了刺穿、撕裂、破碎、咀嚼肉和骨头。犬的嘴巴很大，可以一次咽下大块食物。犬的下巴只能上下移动，不能左右移动，所以犬不能嚼碎植物。犬相较于人类有更多的胃液，因为肉食动物需要胃液来消化骨头、分解脂肪，并杀灭细菌。在消化过程中，食物在犬胃部存留很久的时间，相比较来说，食物在小肠里停留的时间较短暂。由于消化道较短，犬基本上没有发酵食物的能力，因此，犬的消化道不能消化大量的纤维（谷物、淀粉、水果和任何植物）。

犬不仅消化食物的方法与人类不同，其营养需求也与人类存在差异。即使是最简单的蔬菜和谷物，犬也很难消化。因此，素食或半素食对人类来说可能是一种健康选择，但对于犬而言，它无法满足犬的营养需求。

牛肉和素食主义宠物

欧洲的一项最新研究表明，如果对犬进行素食饲喂，犬罹患疾病的风险会显著增高。在饲喂素食的犬中，研究者发现了以下症状：

- 50%以上的犬中，蛋白质摄入量不足；
- 62%的犬中，钙的需求不达标；
- 50%的犬中，磷的摄入量不够；
- 73%的犬中，钠的摄入不足；
- 大部分犬的血液检查都显示铁、铜、锌、碘和维生素 D 缺乏症；
- 57%的犬中，维生素 B_{12} 摄入不足；
- 商品素食的犬粮也不能满足犬的营养需求。

这项研究也表明，即使是商业犬粮，也缺少让犬保持强壮和健康的营养。为何素食缺少犬所需的营养？

必须保障犬的肉食天性

动物蛋白含有所有植物中都缺乏的某些特殊营养素。蛋白质由多种不同的氨基酸组成，这些氨基酸对内脏和皮肤的完整性、生长和免疫系统都至关重要。氨基酸作为构成这些器官的基石，对生命来说非常重要。每种氨基酸都有各自的功能，它们协同发挥作用，共同维持保持身体健康。人类需要摄入 9 种必需氨基酸，才能组成一个完整的蛋白膳食。对于犬来说，有 10 种必需氨基酸，更准确地说是 11 种必需氨基酸。作为肉食动物，犬与人相比，需要不同水平和比例的特定氨基酸。

犬所需要的氨基酸都能在动物蛋白中找到，这里包括心脏健康运转所需的牛磺酸和左旋肉碱。实验表明，某些只食用素食的犬，其体内的牛磺酸含量特别低，缺乏牛磺酸可能导致扩张型心肌病（dilated cardiomyopathy，DCM）等严重的心脏病。

素食主义支持者指出，通过特定的蔬菜和谷物组合可以提供人类所需的绝大多数氨基酸。这种说法让很多人相信，

> 植物原料中富含的碳水化合物对于犬只有增肥的作用，这也是素食犬粮的另一个困境。如果为爱犬饲喂素食犬粮，犬的摄食量会大幅增加以满足其对于蛋白质的需求。这样的饲喂方式不可避免地造成肠胃应激、粪便量增加并伴随严重异味，以及肥胖症发病概率的显著升高。

这种做法也同样适用于犬。但实际情况完全不是这样的！需要充分考虑到犬不能高效地消化植物蛋白，因此无论采用何种方式组合蔬菜和谷物，无论怎样复杂又精巧地配伍各种蛋白质，都无法给犬提供它们需要的所有营养。

大豆蛋白

在人的素食膳食中，大豆是最常见的。对犬而言，这不是一种完全蛋白质；同时，大豆也是常见的犬过敏原。很多环保主义者声称，人类采用大豆制品代替肉是一个更加环保的选择。但对于犬来说，完全不建议采用大豆进行蛋白替代。

大豆作为食材有不同的形式，常见的豆制品包括大豆粥、豆粉、豆壳、大豆蛋白提取物及豆腐干。在一些宠物食品中，大豆是优质动物蛋白的廉价替代品。然而需要注意，豆制品的摄入能够干扰甲状腺产生甲状腺素（T_4）和三碘甲状腺原氨酸（T_3）的功能。这两种激素对维持正常甲状腺的功能来说很重要。豆制品会对犬的内分泌功能产生影响，甚至会导致不育、发情延迟和免疫系统障碍。

牛磺酸和左旋肉碱

对犬的营养和心脏功能调查显示了一些有趣的结果。牛磺酸已经被证明为猫科动物所必需，而犬对牛磺酸需求的重要性被忽视了。新的研究表明，以纽芬兰犬为例的某些犬种特别容易罹患扩张型心肌病。扩张型心肌病也是牛磺酸缺乏症的一种。在杜宾犬上，类似的实验也显示相似的结论。其他容易受牛磺酸缺乏影响的犬种包括拳师犬、可卡犬和金毛犬。科学家们曾经相信，犬粮里有足够的含硫氨基酸（如胱氨酸和蛋氨酸），而这些含硫氨基酸能够充分转化成牛磺酸。现在看来，这样的观点是错误的，必须加以摒弃和纠正。

《动物生理和营养学》（*Journal of Animal physiology and Animal Nutrition*）期刊中的一篇文章指出，“动物肌肉组织，特别是海洋生物，含有非常高的牛磺酸含量。然而，植物产品里的牛磺酸或许是完全缺失，或许是含量低到分析仪器根本检测不到的水平。食材里的牛磺酸含量取决于食材的加工方式。在煮熟和冻干过程中，很多牛磺酸都损失了。烘焙和油炸等防止水分流失的食物加工方法，可以让食材具备更高的牛磺酸保留率”。

肉碱是犬所必需的另一种氨基酸。研究表明，缺乏肉碱会导致犬的扩张型心肌病。需要注意的是，这些实验中用到的犬都食用干犬粮。只有动物蛋白中包含肉碱，而干犬粮制造过程中的高热工艺会破坏肉碱。因此，犬粮生产商倾向于在商品犬粮中添加更多的硫。尽管补充硫对犬合成肉碱有所帮助，但不同品种、不同体型的犬对于肉碱的需求显然不同。迄今为止，对于在高碳水化合物犬粮中需要额外添加多少肉碱这一问题还没有研究透彻，这是纯素犬粮和半素犬粮面临的另一个严峻问题。

犬膳食中的碳水化合物

碳水化合物由糖和纤维组成。正如前文所提到的，犬的消化道适宜于利用并消化动物蛋白和脂肪。对它们短而简单的消化系统而言，消化富含纤维的食物非常费力。虽然熟化的淀粉和谷物易于消化，但其中的纤维远远超过了犬的正常消化能力。由于犬消化高纤维食物非常困难，这会造成过量的气体放出，以及产生伴随强烈异味的大量粪便。由于犬发酵纤维的能力很弱，这种膳食很可能会损伤犬的小肠和肠上皮细胞。人类有把自己的膳食观点强加到宠物身上的倾向。此处笔者需要再次强调理解犬和人的营养需求差异的重要性。不仅高纤维碳水化合物的膳食对犬有害，碳水化合物里大量的糖也会导致犬超重、产生狗腥味，以及在眼睛、皮毛和脚周围出现红斑。糖还能加速酵母菌的生长和牙齿龋化。与人不一样，犬的唾液没有分解淀粉的能力，因此食物会残留在它们的牙齿上，进而会导致龋齿和其他口腔疾病。

矿　物　质

虽然植物是人类食物中矿物质的重要来源，但其对犬来说并不是矿物质的理想来源。犬最重要的矿物质可能是钙。植物，包括谷物，都不是钙的良好来源。植物中富含磷、钾和镁元素，但钙和钠元素的含量不足。此外，谷物和很多蔬菜里都富含植酸盐，其能够阻止钙、铁、锌、镁元素的吸收。20 世纪 80 年代早期，这个事实就被宠物食品公司提出来了。相比减少商品犬粮中谷物和淀粉的含量，很多企业选择了更为简单的方式，即在商品粮里添加更多的钙、锌、镁和铁。

素食犬粮，特别是纯素犬粮，需要额外添加钙、锌、镁、铁和碘来让营养保持均衡。然而矿物质添加的问题是，如果某种矿物元素添加过量，或者矿物质的配比不合适，也会带来堪比摄入不足的风险。矿物质的补充需要准确定量，以达到和其他矿物质的平衡。犬膳食中最重要的矿物平衡是钙与磷的平衡，以及锌与铜的平衡。在补充营养素的过程中，如果正在饲喂矿物质含量少（或没有）的膳食，平衡这些矿物质就是最重要的任务。一餐包含肌肉、内脏肉、鸡蛋和乳制品的自制辅食可以提供所有需要的矿物质，但仍然缺少了犬可以直接利用的离子形式的钙。加入一些生鲜肉骨头就可以提供爱犬所需的全部钙质了。素食和半素食，或者以植物为主的膳食，不包含这些能被犬消化和利用的矿物质。

犬主需要了解，在谷物以及很多淀粉、蔬菜中的植酸可以与钙、铁、镁和锌结合。富含这些谷物和淀粉的食材，通常需要比动物原料为主的膳食添加更多的钙。此外，高纤维膳食会阻碍铁的吸收。犬在食用肉、蛋、奶和鱼等食材时，能够更加有效地利用铁。

维 生 素

维生素 A、B 族维生素、维生素 D 等维生素及其缺乏症需要引起犬主的关注。维生素是犬食谱中不可或缺的部分，如果使用素食和半素食的辅食方案，爱犬将无法获得足够的所需维生素。

维生素 A

动物肉中的维生素 A 称为类视黄醇，而植物中的维生素 A 称为β-胡萝卜素。对犬、猫而言，把β-胡萝卜素转化为可用形式的维生素 A 非常困难。动物蛋白则提供了已经转化为活性形式的维生素 A。因此，为爱犬饲喂动物蛋白非常重要，这将帮助爱犬从这种非常重要的维生素受益。

无论何种形式的维生素 A，都需要脂肪作为载体从小肠中吸收。因此，食用高纤维膳食也会在这方面干扰维生素 A 的利用。

烟酸

烟酸（维生素 B_3）在酶的正常工作中扮演了重要的角色。动物肉含有足量的烟酸，而蔬菜和谷物中的烟酸含量很低。在饲喂自制辅食，但没有把肉当作宠物膳食主食的情况下，爱犬容易患烟酸缺乏症。

核黄素

核黄素（维生素 B_2）已经被证明对正常生长、肌肉成长和皮毛健康不可或缺。内脏肉和乳制品中都天然含有核黄素，但在谷物、蔬菜水果中含量最低。给犬喂食植物食材，可能会增加它们患维生素 B_2 缺乏症的风险。北美知名宠物用品公司的科学推广专家福斯特（Foster）博士和史密斯（Smith）博士联合撰写的一篇文章指出“如果犬的膳食中长期缺少维生素 B_2，会进一步发展为生长迟缓、眼部异常、后肢无力，甚至会罹患心脏病”。

维生素 D

犬在饲喂素食后，其血浆中维生素 D 含量显著降低。这是一个严重的问题，对于成长期的幼犬影响尤其严重。这是由于摄入了植物来源的维生素 D（D_2）和纤维摄入的增加，阻止了维生素 D_3 的吸收。犬不能吸收和利用植物来源的维生素 D_2，也无法通过阳光合成维生素 D_3，所以犬需要动物来源的维生素 D_3。

与其他动物相比，犬、猫皮肤中含有的 7-脱氢胆固醇明显偏少，因此犬、猫体内通过光化学合成胆钙化醇（维生素 D_3）的效率极为低下。犬、猫显然比其他动物更依赖于通过食物摄入更多的维生素 D。研究表明，植物来源的维生素 D_2，对人类的作用非常有限，而对犬几乎没有作用。因此，维生素 D_3 应该长期作为犬的营养补充剂。

小结

大多数宠物医生都不推荐给犬饲喂素食。宠物医生甚至会告诫犬主，同时喂食素食或半素食辅食，根本不可能为犬提供所需要的全部营养素。即便是支持素食的媒体也会敬告用素食饲喂犬的犬主，在纯素膳食中提供犬所必需的全部营养素非常复杂，也会强调个别营养素缺失为爱犬带来的危险。如果主人执意要避免喂食肉类，笔者也推荐给犬饲喂一些鸡蛋和乳制品。

在为爱犬选择素食饲喂之前，犬主需要对犬的营养需求有一个全面的了解，明白如何饲喂素食或半素食才能满足犬的需求，其中包括了解清楚需要添加维生素及矿物质的种类和剂量以满足犬的需求。没有任何一只犬可以靠纯素膳食存活，这种膳食方法完全不能满足犬的营养需求。

本章最后需要强调的是，关注犬、猫的营养需求很重要。虽然人类可能因为宗教和道德来选择食物，但人类选择了让爱犬加入人类的生活，那么就要对宠物的健康和快乐成长负有责任。如果认为全素食或半素食对自己有好处，这完全可以理解。然而把同样的想法强加在肉食性宠物的身上是不公平的。同时，认为素食可以满足犬的营养需求的想法也是不负责任的。犬需要摄入动物蛋白来满足其健康成长的营养需求。给爱犬喂食碳水化合物，并通过无数的营养补充剂来弥补由于膳食中肉类成分缺失造成的维生素和矿物质缺乏，这对犬来说既不健康又不公平。全素食或半素食膳食方案会增加犬超重的风险，让犬处于亚健康，同时不能满足犬对于美味和全部营养的需求。把人类的需求和犬的需求分开考量和付诸实践是很重要的，人类理应为犬提供最适合的营养、锻炼和精神关爱。

第 21 章　膳食适口性的重要性

犬挑食的原因

犬食欲不振时，情绪会变得低迷。犬主或许会认为是自己在饲喂中犯了错误，或者认为犬生病或抑郁了。生病或服用某些药物等多种因素都会引起犬的食欲不振。此外，生理变化也会影响食欲。例如，当公犬嗅到附近有处于发情期的母犬时，或许也会出现食欲不振的现象。

当犬不愿摄食的时候，需要观察其起居是否发生了变化。像搬家、犬主的情绪变化、天气不好等都可导致爱犬的食欲不振。犬对这些环境变化很敏感，这些因素都会影响其食欲和健康。筛查这些环境因素的变化，有助于为犬找到食欲不振的原因，帮助它恢复食欲。

犬主的应对措施

许多犬主会优先选择换粮或提供放纵餐来刺激犬的食欲。这在短期内或许有效，但是如果犬患有严重的厌食症，首先应该找宠物医生为其做血检、尿检及全面的检查。导致犬食欲不振的原因多种多样，首先排除患有重大疾病显得至关重要。

如果宠物医生发现其的确患有疾病，为其提供特殊的处方粮或改变自制犬粮配方可能会有助于缓解其食欲不振的症状。对于一只正处于恢复期或患有慢性病的犬，可能需要对膳食做出调整才会激起它的食欲。对某些犬来说，简单地调节一下环境温度就能恢复其食欲；但对另一些犬而言，则可能需要在食物的口味上做一些改良，有时候换个新的犬粮碗也许能解决问题。许多犬喜欢搅成泥或切成小块的食物，而一些犬可能不喜欢散发强烈金属气味的碗，正在接受化疗的犬尤其厌恶金属气味的碗（针对不同健康状况的处方粮配方，请参阅第 3 部分“解密犬慢性疾病的处方粮”）。

激发食欲的食物

犬主可以用散发香味的美食激发爱犬的食欲。这些食物通常是高脂肪食物，包括：

- 鸡蛋于黄油中轻轻炒匀后，加入少许酸奶或奶油奶酪
- 黄油炒鸡肝
- 煮熟的鸡蛋
- 煮熟的碎牛肉拌帕尔马干酪屑
- 幼犬食品，如肉泥
- 自制鸡汤面
- 三文鱼或沙丁鱼罐头
- 芝士通心粉加碎牛肉或香肠
- 酸奶肝泥（需要搅拌均匀）
- 鸡肉块罐头
- 一些来自于犬主的盘中的食物，犬可能会认为人类食物更加美味

犬主需要变换花样制作辅食。因为辛辣的食物会导致犬的胃部不适，切勿在辅食中加辣。犬主可以选几天为爱犬饲喂上面的调味食材，但切忌整餐全都是这些调味食材。正确的做法是将调味食材与犬的常规膳食混合在一起，以增强辅食的风味。

服药困难的应对

像人类一样，有些犬抗拒口服处方药。犬主可以尝试在药丸上涂上奶油、奶酪、花生酱、奶酪酱或肝泥香肠（一种软质地的午餐肉），这样犬可能更容易将药丸吃下去。

犬对于新食物的抗拒与对策

正如前文提到的，犬主可以逐渐将犬的食物从商品犬粮换成熟制的自配辅食或鲜食，甚至可以根据犬主的意愿一次性换粮。有时候突然将熟食变成生食，爱犬可能会抗拒。犬主无须担心，这种抗拒可能并非食物本身的问题，而是由于食物的温度和口感变化导致的。在饲喂鲜食时，不要从冰箱中取出后立刻饲喂，而应待其温度恢复至室温再行饲喂。有些犬喜欢大块的肉，而有些犬可能更喜欢吃绞碎肉。

> 不要为爱犬饲喂无法消化的冷冻食物。

如果犬从未尝试过某种新的食物，可能需要花一点时间和耐心帮助其适应并喜欢上新型食物。如果健康犬对提供的食物不感兴趣，尝试在 10min 后将食物拿走，然后等到吃下一餐的时候再行饲喂。因为脂肪的香气会让犬流口水，尝试稍微加热一下鲜食，可能有助于刺激犬的食欲。

应对爱犬挑食的方法

假如不论犬主饲喂什么食物，或无论如何改变爱犬的膳食组成，犬对食物都提不起兴趣，有一些简单的方法可以帮助爱犬进食。

不要徘徊

犬主不要焦急地在爱犬身边徘徊，等着看它是否进食。犬主在爱犬身边观察进食情况会令爱犬感到紧张而抗拒进食。犬主尽量假装无视，把食盆放下后转身离开，或者去其他房间。如果犬依旧抗拒进食，犬主就将食物拿走，然后等到下一餐时再行饲喂。很多时候会由于犬主自身的行为导致爱犬抗拒进食。

保持饲喂的规律

犬主需要根据其进食时间表，按时饲喂爱犬。坚持下来，爱犬在特定时间会感到饥饿并期待进食。

快乐地生活

把为爱犬饲喂自配辅食当成一种享受，让爱犬感受到进食的时间总是在愉悦的气氛下。如果犬主有另一只爱犬积极进食，可以吸引其他犬来抢食，并激发食欲不振的犬的食欲。如果爱犬抗拒进食，不要为此小题大做。任何有关进食的事都可能会影响犬的食欲。犬主需要保持乐观平和的心态。

锻炼

定期带爱犬运动有助于促进食欲，这应该成为犬日常活动的一部分。锻炼是非常重要的，无论犬主每天散步、去公园，还是仅仅扔一扔球。对于任何犬来说，敏捷性训练、服从性训练、飞球训练和追踪训练课程都是值得为爱犬考虑的极佳运动项目。锻炼不仅有助于促进食欲，同时能提供犬所需的精神刺激。

犬抗拒进食的生理原因

生理变化也会影响爱犬的食欲。例如，一些幼犬会经历快速生长时期，而后进入缓慢生长的阶段。这些幼犬在快速生长阶段摄食非常踊跃，在生长变慢后食量会减少，这是正常现象。此外，幼犬在长牙期间牙龈会酸痛，这也会导致暂时性的食欲不振。未绝育母犬，其激素的变化也会影响食欲。

第 22 章　爱犬在旅途中的膳食护理

航空公司常旅客的爱犬

如果犬主经常携带爱犬一起出行，并认为在旅途中不方便喂鲜食或自制辅食，请继续阅读本章。通过做一些计划和准备，犬主可以在旅行时轻松地为你的爱犬饲喂健康的食物。

带着自制辅食旅行

无论是度假期间在全国各地徒步，还是经常参加犬展活动和比赛，全程保持爱犬的膳食均一至关重要。旅行会让爱犬产生应激，因此需要饲喂与爱犬居家时完全相同的膳食，这可以帮助其缓解应激，并在一定程度上减轻潜在的消化不良。如果备齐了旅途上自配辅食所需要的器皿，每日准备两餐（早餐和晚餐）非常方便。

旅行必需品

除了需要携带食材之外，还要携带一些日常必需品，令旅行更加轻松便捷。

- 冷藏箱（可以加冰，或者可以在汽车及普通插座上使用）
- 自封袋
- 小塑料垃圾袋（用于清洁）
- 纸巾
- 餐具（用于切割、调拌、配制辅食）

犬主可以提前计划并准备旅途中爱犬所需的各种新鲜食材。当犬主携带冷藏箱旅行时，可将爱犬最喜欢的生鲜肉骨头单独分装到冷冻袋中，并在旅行前将其冷冻。可以选择鸡脖子、鸡背、猪颈骨等类似的生鲜肉骨头。可以将不含骨头的肉类食物按同样的方法处理，把一些绞碎的牛肉或者火鸡肉分装成一餐大小的分量，先冷冻起来，这些冷冻食品可在冷藏箱中保存2～3天。

> 不管爱犬吃什么食物，犬主都要带上瓶装水或家里的水，以防范换水可能会导致爱犬消化不良。

如果交替投喂上述生鲜肉骨头及无骨肉类等各种不同的蛋白类食物，就没必要担心每顿饭的营养平衡问题。

如果为爱犬饲喂自制辅食，上述方法同样适用。只需预先制作每餐食物，将它们分装到独立的冷冻袋中，并在旅行前充分冷冻。

无论饲喂鲜食还是熟制的自配辅食，犬主都需要随身携带一些鲭鱼或鲑鱼罐头，再准备一些鸡蛋、全脂酸奶或低脂芝士以增加爱犬膳食的多样性。强烈建议带上营养补充剂，以便及时添加到到爱犬的每一餐中。

如果旅行时间超过 2～3 天，需要携带的食材超出冷藏箱的容积，也可以在当地超市购买生鲜肉骨头及无骨肉类。根据要去的地方，提前找出离住处最近的超市。

尽可能不改变犬的日常活动，让其像在家一样舒适，带上犬在家使用的食盆，并尽量维持日常的进食时间，这有助于减轻旅行期间的应激。

带着商业犬粮去旅行

如果犬主一直给犬饲喂商品犬粮，需要带足够量的同款犬粮，以备爱犬在整个旅途中所需，并始终将其保存在密封良好的容器中，以免沾上灰尘和返潮。

旅行中的便携式营养补充剂和急救物品

当犬主无法为爱犬提供与在家相同的食物时，在犬粮中加入营养补充剂就显得尤为重要。此外，携犬外出旅行时，以防突发事件，犬主需携带一只储备充足的犬用急救箱。以下提供了一些可以缓解爱犬旅途应激、保持其快乐和健康的保健品及药物。

Berte 免疫营养复合补充剂

Berte 免疫营养复合补充剂是一种具有肝味并富含维生素的保健品，有助于爱犬在应激之下仍能保持良好的免疫力。它是一种便捷的粉末状补充剂，含有犬需要的所有维生素、酶和益生菌，装在不易碎的塑料容器中。这是一款上佳的复合型保健品。无论爱犬是在度假旅行、与驯犬员在一起接受培训，还是寄宿在犬舍里，这款 Berte 免疫营养复合补充剂适用于所有的场合。

Berte 绿色复合补充剂

Berte 绿色复合补充剂是一种不含酵母的、有益健康的、由海洋植物组成的混合物，是另一种非常适合爱犬旅行使用的绝佳营养保健品，适合所有的场合。这款营养补充剂提供了多种在旅途中难以为爱犬补给的营养素。

赛尔金缕梅芦荟药水

赛尔金缕梅芦荟药水（Thayer's witch hazel with aloe）是一种用于治疗红斑、瘙痒、耳朵疾病，以及轻微擦伤和割伤的配方药水。金缕梅酊剂（witch hazel）有助于止痒，芦荟（aloe）有助于降温和促进伤口愈合。它装在一个使用方便且不易破碎的塑料喷瓶中。

舒缓修复精华

舒缓修复精华（rescue and relief essence）是犬用急救箱的另一个必备药品。它适用于缓解任何品种犬的意外创伤、应激或恐慌，也可用于疾病的治疗。使用时，用滴管顶部将其涂抹在口腔中，或者耳部等皮肤上，也可将其添加到饮用水中口服。

哈罗皮肤药膏

哈罗皮肤药膏（Halo Derma Dream）是一款缓解炎症和修复创伤的药膏（一种治疗伤口的药膏）。

薰衣草油

在爱犬肚皮上滴几滴薰衣草油，有助于减轻焦虑。

白杨树皮

白杨树皮是一种天然的阿司匹林，有助于缓解肌肉酸痛，减轻与关节炎和肌肉酸痛相关的肿胀和炎症，也可用于退烧。这款保健品应当与食物一起服用。

第 3 部分　解密犬慢性疾病的处方粮

使 用 指 南

本书的第 3 部分，我们讨论了罹患不同常见犬慢性病的特定营养需求。虽然本书这一部分对犬的许多症状、诊断和治疗进行了讨论，但本书重点是通过营养手段，为解决这些疾病提供借鉴。

以下章节中包含的内容是为罹患疾病的犬提供营养护理的技术参考，不能用来代替宠物医生的诊断和治疗。如果担心爱犬生病了，需要带爱犬前往宠物医院进行全面的检查，由具有执照的专业宠物医生做出正确诊断，并遵循专业的治疗方案。

第 23 章　心脏健康的膳食护理

犬患心脏疾病的概率比想象的更高。据统计，每 10 只犬中就有 1 只会患心力衰竭。心脏病是导致犬死亡的第二大常见疾病[49]。虽然心脏问题多发于老年犬，但心脏病的发病不分年龄。因此，让宠物医生每年为爱犬（尤其是老年犬）进行体检是非常必要的。

在本章中，笔者针对犬不同类型的心脏病，对其发病原因和治疗方法进行了分析，并就如何通过加强营养来更好地缓解病情提供了简要的指导。

诊　　断

心血管疾病可分为很多类型，症状也各不相同，有时症状与其他病症相似，这增加了心脏病的诊断难度。犬的心脏病分为心肌病和心脏瓣膜病两种截然不同的情况。此外，心脏疾病可以是先天遗传的，也可以是后天造成的。如果宠物医生诊断出爱犬患有心脏病，请务必咨询以下三个问题：

1. 我的犬是什么类型的心脏病？
2. 我的犬处于疾病的哪个阶段？
3. 病情是否会进一步恶化，即是否会加重？

这些问题的答案，将帮助犬主了解疾病的严重性以及如何在家中控制此病。膳食和生活方式的改变，会对患有心脏病的犬产生重大的影响。

犬心脏病分为四类（表 23.1），了解这四种分类将帮助你更好地知晓爱犬所处疾病的阶段以及犬的健康问题。

表 23.1　心脏病分类[50]

Ⅰ级	不影响生理活动。运动不会诱发病症
Ⅱ级	生理活动轻微受限。日常活动会诱发病症
Ⅲ级	生理活动明显受限。日常活动量低于正常，仍可诱发病症
Ⅳ级	生理活动极度受限。休息时出现病症

犬的心脏问题越严重，犬主就需要对爱犬的膳食和生活方式做出更多的改变。如果爱犬出现Ⅰ级或Ⅱ级症状，则几乎不需要改变膳食；如果爱犬的心脏病处于Ⅳ级或晚期，则可能有必要大幅降低膳食中的钠含量。

心脏病的类型

犬有三种类型的心脏疾病：心脏瓣膜和心肌方面产生的心脏杂音、心肌病，以及年龄增加引起的心脏病。

心脏杂音

犬最常见的心脏疾病是瓣膜疾病，又称心脏杂音，发病率占心脏病的2/3。心脏瓣膜疾病是先天性的，这意味着犬天生患病。心脏杂音有很多种，从轻微的到可能致命的情况都存在。因此，有必要让宠物医生为爱犬进行心脏检查。

一些杂音被称为无害杂音，犬长到4个月大时会自动消失。但是，如果超过这个年龄还存在杂音，你应该让有兽医资质的心脏病专家对爱犬进行检查，以获得明确的诊断。

瓣膜疾病的症状包括缺乏耐力、不爱运动、咳嗽（尤其是早上或晚上）、昏厥和体重减轻[51]。

心肌病

心肌病是另一种常见的心脏病。犬的心肌病有两种类型：扩张型心肌病（dilated cardiomyopathy，DCM）和肥厚型心肌病（hypertrophic cardiomyopathy，HCM）。

扩张型心肌病（DCM）

DCM的特征是心脏扩大，收缩功能障碍。当心脏扩大时，其将血液泵入肺部和身体的功能减退。扩大的心脏很快就会超负荷，并可能导致充血性心力衰竭（congestive heart failure，CHF）。

虽然大多数DCM病例的发病原因尚不清楚，但某些品种的犬可能对这种疾病具有遗传易感性。一些其他的疾病、对心肌细胞的毒性和营养缺乏也可能诱发该病。

DCM的症状包括呼吸急促、咳嗽、气喘、体力不支、腹部膨胀、嗜睡、无法舒适地休息和食欲不振[52]。如果发现爱犬具有上述这些症状中的任何一个，请务必让宠物医生检查爱犬是否患有甲状腺功能减退症和心脏病，因为这两种疾病常伴有这些症状。

DCM无法治愈，治疗旨在控制症状和延缓心力衰竭的发作[53]。

肥厚性心肌病（HCM）

HCM是一种罕见的心肌疾病。它的特点是心脏壁层增厚，导致心脏收缩时泵入体内的血液量不足。HCM常导致充血性心力衰竭。虽然HCM在犬中较少见，但3龄以下的公犬常发。

许多患有 HCM 的犬不会表现出任何症状；然而，这种心脏病的症状类似于充血性心力衰竭（CHF），可表现出呼吸急促、咳嗽、体力不支和皮肤发绀[54]。

目前，我们对犬 HCM 的病因知之甚少。虽然在患有这种疾病的人和猫中已经检测到某些基因发生了遗传变异，但这种情况在犬中尚未得到证实[55]。

年龄增加引起的心脏病

最后一种心脏病与犬的衰老有关。随着年龄的增长，犬心脏中的动脉开始变硬，从而导致流向心脏的血液出现问题。营养不良，尤其是缺铁，也会导致心脏供氧不足。

治　　疗

如果怀疑爱犬可能患有心脏病，请向宠物医生咨询犬心脏病的类型及所处的疾病阶段。最好再进行一系列其他检测，如心丝虫、肿瘤、细菌感染、甲状腺功能障碍和自身免疫性疾病检测，以确定是否是这些疾病导致了心脏病的发生。

无论爱犬患有哪种心脏病或处于哪个阶段，都可以通过药物治疗、改善营养和添加补充剂来改善犬的心脏疾病及生活质量。

心脏病的传统治疗方法

下文介绍了几种可用于改善心脏功能的处方药（表 23.2），了解每种药物的作用及其副作用至关重要。

表 23.2　常见的犬心脏病药物[56, 57]

药物类型	作用	药物名称	副作用
利尿剂	减少心脏或腹部周围的积液	呋塞米、螺内酯	服用呋塞米时应检测肾脏指标
降压利尿剂	有助于扩张动脉和静脉，帮助心脏更有效地泵血	依那普利、开博通、依那卡、硝酸甘油	服用依那普利时应检测肾脏指标
洋地黄糖苷	增加心脏收缩力	Foxaline、洋地黄毒苷和地高辛	使用这些药物时要注意观察，因为此类药物有毒副作用
β-受体阻滞剂	可用于治疗 DCM 和 HCM；控制心律失常，降低心率，有助于心室在舒张期得到充盈	阿替洛尔、普萘洛尔	心率慢、血压低、精神沉郁

扩张型心肌病和充血性心力衰竭均属于进行性疾病，因此需要定期监测药物剂量。通常随着病情的加重，剂量也随之增加。

如果犬容易出现水肿（水潴留）或高血压的症状，或者犬正在服用处方药，请务必咨询宠物医生，了解需要对犬在膳食和生活方式上做出何种改变。

近年来，许多宠物主人开始配合使用由天然成分制成的、有益心脏的营养补品，结合传统的心脏病药物一起进行心脏病治疗。这些补充剂有益于心脏健康，并且没有同传统药物一样的副作用。本章稍后将讨论这些有益心脏健康的补充剂。

膳食

在大多数情况下，患心脏病的犬粮与健康犬粮没有太大区别。当然，做一些小的调整并加入正确的膳食补品，可以帮助爱犬健康长寿。

推荐的食材

患心脏病的犬可以选择吃肉、内脏肉、鸡蛋、蔬菜和乳制品等优质新鲜食物，最好吃生食，因为生食的天然钠含量低，且牛磺酸含量高。牛磺酸是一种增强心肌收缩力的氨基酸。如果正在给犬饲喂熟制辅食或商品犬粮，请考虑在犬粮中添加一些生肉，以确保犬能够获取日常所需的牛磺酸。

推荐犬主每周至少两次在辅食中添加牛肾和牛肝等内脏肉。肝脏价格较高，可以少加一些。心脏富含牛磺酸和左旋肉碱，可提供保持心脏健康所需的两种必需氨基酸。因此，多吃一些心脏对患有心脏病的犬而言也是一个不错的选择。犬主可以试着每周给犬至少喂两次心脏。

需要避免的食材

避免喂食高钠肉类，如火腿、培根和其他熏肉或腌肉。如果爱犬已经超重，或患有Ⅲ级或Ⅳ级心脏病，请勿饲食羊肉、猪肉等高脂肪膳食。犬主在给犬准备食物时应剔除多余的脂肪，禽肉要记得去皮。

钠和矿物质

> 自制辅食中钠含量很低。值得注意的是，钠通常作为防腐剂添加于商业鲜食中，从而导致钠含量增高。

许多人听到“有益心脏健康的食物”这个词时，首先想到的就是低盐、低钠食物。虽然心脏病患者需要减少膳食中的钠盐含量，但对犬而言则不同。

当爱犬处于心脏病的早期阶段时，通常没有必要限制钠的摄入。事实上，限制钠的摄入或许弊大于利。是否需要减少盐摄入量，取决于爱犬的病情严重程度。处于心脏病晚期阶段的犬通常需要大幅降低膳食中的钠和脂肪含量。与上述情况一样，如果犬主不确定爱犬的心脏病状况，需要咨询专业的宠物医生。

当爱犬开始服用心脏病药物时，一定要了解该药物是否以及如何影响犬的营养需求。许多用于治疗心脏病的药物需要补充钾，一些药物需要补充更多的镁和更少的钾，而其他一些药物则需要限制钠的摄入。犬主应当阅读处方说明书，并遵循宠物医生的建议。

蛋白质和脂肪

蛋白质对于维持所有犬的生理健康极其重要，包括那些患有心脏病的犬。除非宠物医生告诫，否则切勿限制患心脏病犬膳食中的蛋白质。缺乏蛋白质会使病情恶化，并导致心肌质量下降。一定要为爱犬提供高质量的动物蛋白，最好饲喂生肉；如果一定要选择熟制的辅食，那就煮的时间短一点。过度烹饪会破坏其中的牛磺酸和左旋肉碱，这两种氨基酸都是有益于犬心脏健康的关键营养素。提供大量富含这些氨基酸的红肉（如猪肉、牛肉、羊肉等哺乳动物的肉），可以确保心肌细胞的完整性。如果爱犬患有营养不良性或肥厚性心肌病，最好参考上述建议。

患有心脏病的犬应该喂食中等脂肪含量的犬粮，特别是对于早就或正处于心脏病晚期的犬。虽然犬不存在与人类相同的胆固醇问题，但超重会导致心脏的额外负担。因此，让犬的体重保持在正常、健康的范围内至关重要。

正如你之前了解到的，投喂的食物量应该是犬体重的 2%～3%。如果犬超重，请将投喂的食物量调整为犬理想体重的 2%～3%。

每天喂食量：

45.36kg 的犬：每天 907～1361g，或每天两餐，每餐 454～680g。

34.02kg 的犬：每天 680～907g，或每天两餐，每餐 340～510g。

22.68kg 的犬：每天 454～680g，或每天两餐，每餐 227～340g。

11.34kg 的犬：每天 227～340g，或每天两餐，每餐 113～170g。

养心膳食：生食和熟食

以体重 22.68kg 的犬为例，其养心膳食中生食和熟食的配比列举如下。

养心生食

早餐

283g（3/4 杯）肉：可变换饲喂牛心、牛肚、火鸡、鸡肉、羊肉、兔肉，以及肝脏或肾脏。内脏占比应不超过总膳食量的 10%。

1 个鸡蛋或 57g 原味酸奶。

将生肉与酸奶拌匀后食用。

晚餐

340g（1～1/2 杯）鸡脖子或鸡架（如果爱犬超重，则需去除皮）、猪颈骨、猪尾、羊胸肉或火鸡脖子。

养心熟食

早餐

198g 熟制的绞碎牛肉、牛心、羊肉、火鸡、鸡肉或兔肉（如果爱犬超重，则需剔除脂肪）、肝脏或肾脏。内脏肉占比不应超过总量的 10%。

85g 清蒸蔬菜，包括西兰花、深绿皮西葫芦、深色绿叶蔬菜、青豆或卷心菜。

1 个鸡蛋（煮熟的、半熟的或炒鸡蛋），或者 57g 原味酸奶。

675mg 碳酸钙或 1.25g 磨碎的蛋壳。

将煮熟的肉、鸡蛋或酸奶和蔬菜混合，再加入蛋壳粉拌匀。

晚餐

同早餐相似，肉类与蔬菜的数量应该保持不变。选取不同的肉类和蔬菜，可使膳食具备丰富的多样性，同时不要忘记添加钙。

补充剂

正如前文提到的，辅食补充剂正在成为辅助治疗患有心脏病犬的一种流行方式。虽然可能无法取代传统疗法和药物，但研究表明，某些补充剂可以增强心脏功能、改善犬的生活质量，并能够延长犬的寿命。

除了表 23.3 中列出的补充剂外，还可以考虑添加益生菌剂、消化酶及胰酶来促进消化。

表 23.3　支持心脏的补充剂

膳食补充剂	来源	益处	剂量
左旋肉碱	动物蛋白，包括牛肉和猪肉（避免过度烹饪）	有助于维持正常的心脏功能	每 9.07kg 体重每天添加 500mg
牛磺酸	动物蛋白，包括鸡肉、牛肉和内脏（避免过度烹饪）	有助于维持正常的心脏功能	如果膳食不足，每 22.68kg 体重每天添加 500mg
辅酶 Q_{10}（酶）	添加剂	有助于维持正常的心脏功能，降血压，抗氧化	每 0.45kg 体重每天约 1～2mg
欧米迦 3 脂肪酸	鱼油、鲑鱼油	控制炎症，增肌，增强免疫系统，调节荷尔蒙，改善皮毛	每4.54kg 体重每天添加约 1000mg（180mg EPA、120mg DHA）
维生素 E（配合鱼油服用效果最佳）	补充剂	有助于维持正常的心脏功能，与欧米迦 3 脂肪酸协同发挥作用	每 0.45kg 体重每天添加 5IU
复合维生素 B	补充剂	对抗心肌病	对于中型犬，每天提供一或两次维生素 B-50（维生素 B_1、维生素 B_2、维生素 B_6、维生素 B_{12}、叶酸和对氨基苯酸等复合维生素）
维生素 C	补充剂	帮助合成肉碱	对于中型犬，每天提供一或两次，每次 250～500mg

牛磺酸和左旋肉碱对确保心脏健康至关重要，它们在生的红肉（如猪肉、牛肉、羊肉等哺乳动物的肉）中含量丰富，但也可以额外添加。如果条件允许，尽可能提供新鲜的蛋白质。

定期与您的宠物医生一起对犬的健康状况进行监测，配合合理的膳食和补充剂，是确保犬健康长寿的最佳方法。

第 24 章　癌症的膳食护理

不同种类的犬可能罹患的癌症有很多种，本章着重介绍高品质膳食对罹患癌症犬的益处和重要性。对每种癌症的症状、诊断和治疗进行介绍超出了本书的范围。

当爱犬生病时，犬主需要谨记：最好的食谱是用爱心和关怀制作的，这与食物本身一样具有治愈能力。

自制辅食的营养功效

对于被诊断出患有癌症的犬，犬主需要竭尽所能地去帮助它们。优质的鲜食和适合的补充剂有助于增强犬的免疫系统，这是爱犬对抗癌症和缓解化疗药物带来痛苦的第一道防线。结合宠物医生治疗，健康且多样化的犬粮是犬对抗癌症和提高生活质量的关键。

研究表明，犬对抗癌症最好的膳食是那些碳水化合物含量低、动物蛋白含量高且含有高水平优质动物脂肪的犬粮。这些研究中建议的抗癌膳食与前文讨论过的膳食非常相似。商品犬粮通常富含谷物和碳水化合物；如果犬患有癌症且正在食用商品犬粮，那么就应考虑改用生食和新鲜食材。接下来将讲述抗癌的最佳食物，以及应该避免饲喂的食材。

蛋白质

患癌犬与健康犬一样，也需要相同种类的优质动物蛋白，以确保它们能够获得日常所需的营养。现已证明，癌症会导致身体肌肉质量下降，因此饲喂优质蛋白显得至关重要。此外，蛋白质还能够提供精氨酸、甘氨酸、胱氨酸和谷氨酰胺等必需氨基酸，这些氨基酸也具有治疗作用。例如，精氨酸已被证明可以降低肿瘤生长率和转移率；某些氨基酸还可以降低与化疗药物相关的毒性[58]。正如我们在第 11 章“鲜食的配制方法”中讲述的那样，提供多样化、富含蛋白质的生食对患癌犬的健康状况也是有益的。

脂肪

患癌犬的膳食中也需要大量的优质动物脂肪。基于这种需求，最好为患癌犬提供羊肉、猪肉、鸡蛋和全脂酸奶等脂类食物。当饲喂禽肉时尽量带皮，尽可能选用红肉，因为这样的肉品脂肪含量较高。同时，鱼罐头也可以提供优质的脂肪。此外，也可以饲喂酸奶、茅屋奶酪等全脂发酵的乳制品。

癌细胞难以利用脂肪作为能量来源，因此，饲喂高水平的新鲜、优质脂肪非常重要。研究表明，欧米迦 3 脂肪酸中的 EPA（二十碳五烯酸）和 DHA（二十二碳六烯酸）可能会预防致癌物诱导的肿瘤发展，减缓机体肿瘤生长并减少恶病质的发生。癌症恶病质（消瘦综合征）常见于癌症晚期，这会导致消瘦、肌肉萎缩、疲劳、虚弱和食欲不振[59]。

碳水化合物

研究发现，碳水化合物可为癌细胞提供能量，应该避免食用[60]。低升糖蔬菜和其他碳水化合物相比，对于患癌犬更加健康。蔬菜也含有少量的糖和淀粉，可以用来为癌细胞提供能量，当犬主选择饲喂蔬菜时，应注意控制用量。“患癌犬的饲喂底线是膳食中不能只含有碳水化合物。当为患癌犬制作食物时，理想的患癌犬膳食中仅能含有极少量简单碳水化合物”[61]。

表 24.1 列出了在需要时可以少量饲喂患癌犬的低升糖蔬菜，还有应避免使用的高淀粉类蔬菜。

表 24.1　患癌犬的蔬菜选择

可供选择的低升糖蔬菜	应避免使用的高淀粉类蔬菜
深绿皮西葫芦	土豆
黄皮曲颈南瓜	山药
帕蒂潘南瓜	萝卜
深色绿叶蔬菜	青豌豆
西兰花	红薯
卷心菜	硬皮西葫芦（笋瓜）
抱子甘蓝	所有谷物
花椰菜	
小白菜	

抗癌膳食

高蛋白和高脂肪膳食对患癌犬非常有益。如果犬主为犬提供含有生鲜肉骨头的膳食，最好不要添加碳水化合物，或者可以再饲喂少量的低升糖蔬菜。对于患有癌症的犬来说，生食的最佳配比是：一半生鲜肉骨头；一半肉、蛋和乳制品。

如果犬主选择在生食中添加蔬菜，需要降低碳水化合物的含量。在饲喂自制辅食时，需要添加蔬菜以确保膳食中含有足够的纤维，防止软便的发生。碳水化合物应该保持在最低限度，不应超过自制辅食总重的20%，并且应该使用低升糖蔬菜。喂食蔬菜时，应将它们完全煮熟并捣碎，使其更易于爱犬消化。

自制辅食需要按照40%蛋白质、40%脂肪和最多20%碳水化合物的配比为犬提供日常所需的必需营养。请记住，无论犬主饲喂的是生食还是熟制的自配辅食，食材的多样性可以促进食欲，并确保爱犬摄取到所有需要的营养。

饲喂患癌犬的食物量不需改变。犬仍然需要每天喂食其体重2%～3%的食物。

每天大约的喂食量：

45.36kg 的犬：每天 907～1361g；或每天两餐，每餐 454～680g

34.02kg 的犬：每天 680～907g；或每天两餐，每餐 340～510g

22.68kg 的犬：每天 454～680g；或每天两餐，每餐 227～340g

11.34kg 的犬：每天 227～340g；或每天两餐，每餐 113～170g

抗癌生食

接下来介绍生食食谱。以下膳食食谱不像前面提到的其他膳食那样具体。此时此刻，最重要的是饲喂患癌犬最喜欢的食物，尽可能多饲喂下面列出的食物。

生食样本食谱

早餐

饲喂多种富含脂肪的蛋白质食材、单一食材交替饲喂或混合在一起饲喂皆可。

肉

绞碎的牛肉、羊肉、猪肉、带皮深色鸡肉或山羊肉等脂肪含量高的肉类。

心脏

牛心、猪心、鸡心和火鸡心等动物心脏是一种健康的肉类，需要添加到患癌犬的膳食中。

鱼罐头

水浸（不是油浸）的鲭鱼、鲑鱼或沙丁鱼罐头是理想的选择。因为金枪鱼罐头不含蒸过的骨头，而且汞含量可能超标，因此需要避免。

蛋

鸡蛋是另一种上佳的食材，可以根据需要添加到膳食中。

乳制品

加入全脂酸奶和茅屋奶酪，有助于确保提供足够的脂肪。

内脏肉

犬主需要牢记为患癌犬添加肝脏和肾脏等内脏肉。为避免引发患癌犬胃部不适，辅食中需要添加少量内脏，但切勿饲喂过量。

晚餐

晚上喂食各种各样的生鲜肉骨头。可供选择如下：

- 鸡脖子、鸡翅、鸡背和鸡架
- 火鸡脖子
- 牛颈和牛肋骨
- 猪颈、上五花肉、猪手和猪尾
- 羊排

自制抗癌膳食

虽然生食是患癌犬的首选膳食，但自制熟食也是不错的选择。犬主可以给犬提供生肉或熟肉；如果喂食熟肉，尽量做得生一点，以尽可能多地保留其营养。过度烹饪会破坏食物中患癌犬所需的多种氨基酸。如果犬很挑食，可以添加一些黄油，以增加食物风味和适口性。如果犬还患有肾脏或心脏疾病，犬主需要使用无盐黄油。此外，在家烹饪时，先炒鸡蛋和蔬菜，待冷却后再加入乳制品。

下面的食谱仅供参考，犬主可以混合搭配上文推荐的肉类、蔬菜、鸡蛋和乳制品，制作适合犬口味的食物。请尽量顾及食材的多样性，这样可确保爱犬能获得所需的所有营养！

患癌犬自制熟食食谱

下面是一些患癌犬自制熟食食谱，每个食谱都以 22.68kg 重犬的一日两餐的分量为例。

食谱一

340g 牛肉馅
113g 牛肝或牛肾，用少量黄油煎熟
1 个鸡蛋，炒熟或煮熟
113g 蒸熟或煮熟的西兰花
57g 全脂酸奶
将肉、肝脏、肾脏、鸡蛋和西兰花混合均匀，待冷却后拌入酸奶即可饲喂。

食谱二

340g 鸡肉糜
113g 鸡肝，用少量黄油煎熟
1 个鸡蛋，炒熟或煮熟
113g 熟卷心菜
57g 茅屋奶酪
将肉、肝脏、鸡蛋和卷心菜混合均匀，待冷却后拌入茅屋奶酪即可饲喂。

食谱三

340g 猪肉馅
113g 猪肝或牛肝，用少量黄油煎熟
1 个鸡蛋，炒熟或煮熟
113g 熟深绿皮西葫芦
57g 全脂酸奶
将肉、肝脏、鸡蛋和深绿皮西葫芦混合均匀，待冷却后拌入酸奶即可饲喂。

食谱四

340g 鲭鱼或鲑鱼罐头
2 个鸡蛋，炒熟或煮熟
113g 煮熟的羽衣甘蓝或其他深绿叶菜
113g 全脂茅屋奶酪
将鱼、鸡蛋和羽衣甘蓝混合均匀，待冷却后拌入茅屋奶酪即可饲喂。

自制辅食所需的膳食补充剂

- 每 454g 膳食添加 900mg 钙或 2.4g 磨碎的蛋壳
- 2.4g Berte 绿色复合补充剂，其中含有海带、苜蓿、紫菜和螺旋藻，每日两次，随餐服用
- 每 11.34kg 体重添加 500mg 维生素 C，每日两次，随餐服用
- 每 4.54kg 体重添加 50IU 维生素 E，每日两次，随餐服用
- 每 4.54kg 体重添加 1000mg EPA 鱼油或三文鱼油，均分到每日两餐中

将水浸的鲭鱼、鲑鱼或沙丁鱼罐头放在橱柜里，将蔬菜冻存至冰箱中。当犬主自制犬粮的食材用完时，可以去冰箱里取上述食材。鲭鱼和蔬菜搭配是一顿很理想的快餐。时间紧迫的时候，用酸奶配炒鸡蛋也可以为爱犬制作一顿健康的快餐。如果犬主正在给犬喂鱼罐头，因鱼骨中含有所需的钙，不需要在患癌犬的膳

食中额外补充钙。

零食

有时犬主希望在两餐之间为处于恢复期的患癌犬提供一些零食，这样的零食需要富含蛋白质和脂肪，但不应含有碳水化合物。

一些简单的零食包括：

- 奶酪块
- 完全煮熟的蛋
- 牛肉干
- 烤肝粒

烤肝粒的制作

把动物肝脏煮 10～15min，沥水晾干，放置于 121℃的烤箱中，每面烘烤 10min。冷却后切成正方体或长方体形状的小块备用。

患癌犬在旅行时的膳食护理

如果需要携犬旅行，在旅途中无法自制辅食，可以使用一些湿粮罐头。以下是推荐的厂家：

- Wysong 生产一系列不含谷物和淀粉的湿粮罐头（www.wysong.net/products/canned-epigen -natural-healthy-dog-cat-ferret-food.php）
- Natures Variety's Instinct 也生产含有各种不同蛋白质（包括牛肉、鸡肉、火鸡肉、羊肉、猪肉、鸭肉、鹿肉和鲑鱼）的无谷物罐头（www.instinctpetfood.com /intinct-originals-canned-natural-healthy-foods-dogs）
- Solid Gold Green Cow Tripe 犬湿粮罐头（www.solidgold-northland.com/products/solid-gold/solid-gold-canned-foods/green-cow-tripe-canned-dog-food/）
- Evangers 提供一系列纯肉罐头产品，使用的蛋白源包括牛肉、鸡肉、火鸡肉、兔鹿肉、猪肉和鲑鱼（www.evangersdogfood.com/?p=dog_gamemeats）
- 除了这些罐头之外，还有自然冻干食品可供选择，这类食品通过简单的加水和复水就可以食用。Stella and Chewy's 是一个不错的选择。这些产品可以在 www.stellaandchewys.com/index.php 上找到。

患癌犬所需的营养补充剂

小型犬（体重 9.07～15.88kg）①的营养补充剂

- 维生素 A：每天两次，每次 1000IU
- 维生素 C：每天两次，每次 500mg
- 维生素 E：每天两次，每次 50IU
- 复合 B 族维生素：每天一次，每次 25mg
- 维生素 D_3：200IU
- 硒：每天一次，每次 10μg
- 含胰酶的消化酶：每餐 1/4 人用剂量
- EPA 鱼油：每天每 4.54～9.07kg 体重饲喂 1000mg

小型犬（体重 15.88～27.22kg）的营养补充剂

- 维生素 A：每天两次，每次 2500IU
- 维生素 C：每天两次，1000mg
- 维生素 E：每天两次，每次 200IU
- 复合 B 族维生素：每天一次，每次 50mg
- 维生素 D_3：300IU
- 硒：每天一次，每次 25μg
- 含胰酶的消化酶：每餐 1/2 人用剂量
- EPA 鱼油：每天每 4.54～9.07kg 体重饲喂 1000mg

小型犬（体重 27.22～40.82kg）的营养补充剂

- 维生素 A：每天两次，每次 5000IU
- 维生素 C：每天两次，每次 2000mg
- 维生素 E：每天两次，每次 400IU
- 复合 B 族维生素：每天一次，每次 100mg
- 维生素 D_3：400IU
- 硒：每天一次，每次 50μg
- 含胰酶的消化酶：每餐同人用剂量一样
- EPA 鱼油：每天每 4.54～9.07kg 体重饲喂 1000μg

---

①对于玩具犬品种的辅食配制方法，参考小型犬食谱各配料用量减半。

B-Naturals.com 提供了一款名为 Berte 免疫营养复合补充剂的产品，该产品包含了上述营养补充剂的组合配方。这是一款专为患癌犬生产的营养补充剂，并制作成了方便使用、高度适口的粉末。这款产品可以简单、便捷地给犬补充适宜的维生素和营养素，而无须考虑烦琐的剂量计算。

第 25 章　肾病的膳食护理

多年来，患有肾病的犬的营养需要一直是科学界争论和困惑的话题。关于患有肾病犬的营养问题，至今仍然充满争议，这让犬主难以决断如何才能为罹患肾病的爱犬提供优质的营养和护理。

在互联网上搜索犬肾病相关的关键词，会发现关于基础肾病犬营养问题的搜索结果充满了矛盾。本章旨在对肾病犬营养问题进行归纳总结。根据一些最新的研究成果，犬主需要关注以下几点：

- 症状
- 肾病的类型和病因
- 检测和诊断
- 膳食和营养
- 其他事项

本章的主要目的是为患肾病犬提供健康的膳食选项和营养学建议，同时讨论犬肾病的多种症状和不同类型。犬主需要时刻与宠物医生保持密切联系，以便监测犬的状态，并掌握用药和治疗的相关信息。

症　　状

虽然只有持有执照的宠物医生可以做出权威准确的诊断，但犬主可以在家里留意到一些疑似肾病的征兆，其中包括：

1. 体重减轻
2. 饮水量增加
3. 尿频
4. 呕吐和腹泻
5. 贫血（可以观察到浅色的牙龈）
6. 精神沉郁

肾病的类型

衰老不是疾病，也不会造成肾功能下降。当宠物医生怀疑成犬或老年犬患有肾脏疾病时，就要做进一步检测，以便确定真正的病因。许多肾脏疾病是可以被治愈的，如果及早诊断并治疗，情况是可逆的。早期诊断的关键是及时注意犬的任何生理异常。如果观察到以上任何症状，应带爱犬前往宠物医院就诊。

肾病通常包括以下两种类型：急性肾病和慢性肾病。急性肾病是由外部原因引起的，可以补救或管理；而慢性肾病是逐步发展的，无法完全治愈。

急性肾病通常是短期发生的，可以被治愈。通过早期发现、准确诊断、适当进行医疗保健和膳食护理，患有急性肾病的犬通常会恢复健康。然而，患有慢性肾病的犬通常无法治愈，但若护理得当，慢性肾病的症状依然可控。

肾脏疾病的病因很多，不同病因存在同样的症状，这为疾病的诊断带来很大困难。表 25.1 列出了一些比较常见的肾脏疾病类型。

表 25.1　部分肾脏疾病的病因

· 肾小球性肾炎（蛋白丢失性肾病）	· 尿路结石堵塞
· 遗传性或先天性肾病	· 药物反应
· 尿路感染	· 肾脏癌症
· 糖尿病	· 系统性红斑狼疮
· 真菌感染	

诊 断 测 试

若爱犬出现之前讨论过的任何症状，需要立即将它带到宠物医生处进行检查和诊断。可以通过一系列检查来确诊爱犬是否已经罹患肾脏疾病，如果患有肾脏疾病，宠物医生会告知肾病的类型，解释病因和发展程度，并提供治疗方案。这些检查包括血检和尿液分析。如果患有肾病，可能会出现以下结果：

- 血尿素氮（BUN）升高
- 肌酐、磷和蛋白质水平升高
- 红细胞计数降低
- 酶含量升高，特别是淀粉酶和脂肪酶
- 钠和碳酸氢根（HCO_3^-）水平下降
- 尿液比重降低

犬主需要密切关注尿素氮、肌酐和磷水平，这些特定的指标有助于犬主进行膳食调整。

从肾病的诊断到贫血、胰腺炎和呕吐等一系列可能出现的肾病恶化的症状，宠物医生对爱犬长时间不间断的治疗和护理指导至关重要。膳食营养可以在许多方面为爱犬提供帮助，但宠物医生进行的定期血液监测和尿液检查是非常必要的。

宠物医生的诊断报告有助于了解病因，确定疾病是急性肾病还是慢性肾病。正确的诊断非常重要，这样可以及时排除肾上腺疾病或细菌感染等其他影响肾功能的问题。为找出病因，应该为爱犬做的检查如下。

蜱传疾病血检

蜱虫病可以导致肾脏疾病，症状包括体重减轻、食欲下降、精神沉郁和体温升高。

钩端螺旋体病血检

本检查可以鉴定钩端螺旋体病的血清型并确定菌株。钩端螺旋体病是通过老鼠和松鼠等野生动物的尿液传播的。公犬因为舔闻野生动物的踪迹，更容易感染这种病原体。如果松鼠或其他野生动物在犬主院子、犬窝的水桶或水池中排尿，也会传播该病。症状包括饮水增多、排尿增多、精神沉郁、眼部发红，还可能引起跛行。血检通常会显示肝酶升高，然后才会显示肾指标升高[62]。

促肾上腺皮质激素刺激试验（ACTH 刺激试验）

促肾上腺皮质激素刺激试验是检查库欣综合征和阿狄森氏病（原发性慢性肾上腺皮质功能减退症）的一种方法。发生这两种疾病时，机体产生过多或过少的皮质醇。血液检查可能会出现一些征兆，但最终确诊这些疾病的检查方法是促肾上腺皮质激素刺激试验。此试验应在宠物医院进行。在华盛顿州立大学动物医学院发表的文章中，患有库欣综合征的犬会有毛发脱落、外观腹围增大、食欲增加、口渴且排尿增多，而且很容易受伤；促肾上腺皮质激素刺激试验检测指标上升[63]。患有阿狄森氏病的犬表现为后肢无力、呕吐、腹泻、精神沉郁、食欲不振、口渴且排尿增多；促肾上腺皮质激素刺激试验检测指标下降[64]。

无菌尿液培养及药敏试验

无菌尿液培养也应在宠物医院进行，包括以无菌方式从犬的膀胱中采集尿液样本，将无菌尿样送到实验室培养 5 天，如果存在细菌，可以明确是何种细菌。这是一个可以确定尿液中是否存在细菌的权威检查。尿路感染对抗生素有很强的选择特异性，因此，得知细菌感染的种类可以指导宠物医生使用正确的抗生素来治疗。当有细菌存在却未被发现时，血检结果会显示尿素氮和肌酐含量升高，可能会导致误诊。尿路感染会引起疼痛和不适、排尿增加以及饮水增加。必须使用正确的抗生素治疗尿路感染，杀灭特定的细菌，并至少持续使用 1 个月。在停药 10 天后需要再次进行检查。有关膀胱疾病的更多信息，请参阅第 33 章“尿路疾病的膳食护理”。

药物反应

犬服用的一些常规药物有损害肾脏的副作用。可能导致肾脏副作用的药物包括非甾体抗炎药（如卡布洛芬、地拉考昔、普维康、阿司匹林和美洛昔康），以及类固醇类药（如强的松、依那普利和某些麻醉药）。切记，要向宠物医生询问给犬使用的所有处方药的副作用。互联网是另一个良好的信息来源，可以提供大量关于药物、药物反应和副作用的信息。此外，使用多种药物时，应采取预防措施并检查药物之间的相互作用[65]。如果给犬正在使用的药物会损伤肾脏，应咨询宠物医生并考虑停止使用该药物，或使用对肾脏更安全的替代药物。

膳　食

无论爱犬的肾病是急性的还是慢性的、遗传的还是先天性的，或者损害是外源且已经无法治愈的，都不能低估宠物医生采取适当的治疗和护理的作用。除了宠物医生护理，想要为出现肾脏疾病的犬提供优质的生活质量，则需要提供促进肾脏健康的膳食营养。

对于老年犬的犬主，需要明确的科学观点是老龄并不会导致肾病。但膳食对于老年犬极为重要，研究表明，老年犬的膳食中需要增加大量易消化的蛋白质，以保障各个器官的健康。这意味着老年犬需要优质的蛋白质。生食和自制辅食中的蛋白质可以满足这种需要。很多商品干粮中，谷物、马铃薯、红薯、豌豆和其他碳水化合物的含量偏高。个别商品干粮中的蛋白质可能被过度熟化，保持身体健康和正常器官功能所需的很多氨基酸都遭到了破坏。

尽管当前的研究已经表明，保持肾脏、心脏和肝脏健康需要更多的蛋白质，但许多宠物医生依然建议犬主，随着犬年龄的增加，要减少膳食中的蛋白质。这是非常遗憾的现状。

如果爱犬确实患有肾脏疾病，为了得知如何优化膳食的合理配制，需要知道犬的血检指标。肾脏疾病的不同阶段和类型需要不同的膳食营养。因此，密切关注犬的肾脏状况，将有助于了解并制订营养调理和药物干预的方案。

磷和钠

如果犬的血检指标显示出肾脏有问题，需要做的第一件事就是评估是否应该降低膳食中的磷含量。

如果爱犬肾脏受损，可能有一段时间需要降低磷摄入。在慢性肾衰竭病例中，当尿素氮水平超过 80mg/dL、肌酐水平超过 3mg/dL，肾脏排泄膳食中的磷则会出现障碍，可能会导致疼痛、恶心。减少磷摄入有助于提高爱犬的舒适度，但仍需要通过饲喂优质蛋白来满足爱犬的蛋白质需求（请参阅本章末尾“延伸阅读”，获得低磷食材的列表）。

笔者的罗特韦尔犬在 2002 年生病时，检查结果显示尿素氮、肌酐和磷水平升高，笔者开始饲喂自配的低磷辅食；当犬的尿素氮水平高于 80mg/dL、肌酐水平超过 2mg/dL 时，自配辅食中的磷和钠都进行了限制，以缓解肾脏的压力。为了对膳食中的磷和钠进行限制，笔者用鸡腿肉代替鸡胸肉，去掉了生鲜肉骨头和鱼罐头等高磷食物；当罗特韦尔犬的血液尿素氮、肌酐和磷水平恢复正常，而且状态向好时，笔者就恢复了它正常的膳食，然后继续定期检测它的血常规，并根据需要调整膳食。一旦肾脏指标持续升高，就保持低磷膳食的饲喂，并进行定期的皮下输液治疗。笔者和宠物医生密切地关注着它的情况，并进行持续护理。

大多数生食和自制辅食的天然食材中钠含量都很低。除了需要避免盐分高的食材，几乎不需要对肾病犬的自配辅食做出复杂调整。犬主需要谨慎选择成品粮。钠在一些成品粮中因具备保质的作用而额外添加。

在出现上文中的严重肾病症状之前，不需要限制膳食中的磷含量。降低磷或蛋白质含量并不能减轻肾脏的负担。降低蛋白质含量会导致爱犬不能从动物来源蛋白质中获取足够的氨基酸，肾脏等器官的良好功能无法得到维持。

蛋白质

宠物临床营养学家帕翠·西珊克（Patricia Schenck）博士在一篇文章中指出“高蛋白膳食不会导致肾脏疾病，而持续给犬提供优质的蛋白质对治疗肾脏疾病很重要。除了患有晚期慢性肾功能衰竭的犬需要低磷膳食外，患有肾病的犬依然需要高水平的优质蛋白来保障肾功能”[66]。尽管有此项研究，仍有一些陈腐的观念影响着一些犬主的认知。许多宠物医生建议，出现任何肾脏疾病迹象的犬都应降低膳食中的蛋白质含量。这种建议其实弊大于利。降低犬膳食中的蛋白质水平，会使它们面临蛋白质营养不良的风险，这可能会导致它们产生其他的健康问题。如果宠物医生建议减少爱犬对于蛋白质的摄入，一定要与宠物医生深入地讨论这个问题。

脂肪

脂肪为动物机体的活动和生长提供能量，肉中的脂肪越多，蛋白质就越少，磷也就越少。犬主可以通过使用肥牛肉、猪肉、羊肉、鱼罐头等脂肪含量高的肉类，以及鸡蛋和全脂牛奶制品等动物蛋白来保证爱犬充足的脂肪供应。犬主还需要注意，患有肾脏疾病的犬也更容易患胰腺炎。因此，犬主还必须密切关注爱犬血液中的淀粉酶和脂肪酶水平。这些酶活性升高可能是早期胰腺炎的征兆。爱犬一旦出现胃部不适的任何症状，需要与宠物医生讨论。

碳水化合物

如果肾病犬需要限制膳食中磷的水平，生鲜肉骨头就需要排除在自配辅食之外以降低磷水平。这种情况则需要碳水化合物来增加纤维含量。当从辅食中排除生鲜肉骨头后，需要添加钙以确保爱犬摄入足够的钙。可以在每 454g 食物中添加 900mg 的碳酸钙或柠檬酸钙。钙可以与磷结合，阻止磷的吸收。虽然有些谷物的磷含量往往很高，应该避免使用，但有些谷物的磷含量较低。这里需要提醒犬主的是，所有的谷物都需要完全熟化。下面的食谱中，以磷含量较低的普通纯麦芽粉和寿司米作为碳水化合物的来源。还有其他可供使用的低磷碳水化合物，如表 25.2 中列出的这些食物可以混合搭配，为爱犬的膳食增加多样性。

表 25.2　各种低磷食材中的磷含量

每杯	磷含量
木薯（小颗粒）	10.6mg
熟糯米饭	14mg
熟米线	35.2mg
熟粗麦粉	35mg
熟原味奶油米糊	41mg
熟原味麦片	43mg
熟麦芽粉	67mg
熟马铃薯	68mg
熟红薯	105mg

数据来源：www.nutritiondata.com

每天大约喂食量如下：

45.36kg 左右的犬：每日 907～1361g；或两餐，每餐 454～680g

34.02kg 左右的犬：每日 680～907g；或两餐，每餐 340～510g

22.68kg 左右的犬：每日 454～680g；或两餐，每餐 227～340g

11.34kg 左右的犬：每日 227～340g；或两餐，每餐 113～170g

犬主需要注意，肾病犬可能以每日少吃多餐为宜。对肾病犬的膳食护理应该和正常犬一样，力求食材的多样化，以确保肾病犬可以摄取所有需要的营养。

患有严重肾病的犬的辅食食谱

患有严重肾病的犬，往往伴随着食欲低下的症状。因此，经常更换膳食并力求饲喂高度多样化，甚至充满创新性的自配辅食，对于促进爱犬的食欲至关重要。下面一些食谱的设计都是基于这种考虑。每种食谱都是为 22.68kg 左右的犬设计的一整天的食物。笔者将这些膳食分成 2～4 餐来饲喂患有严重肾病的犬。

食谱 1

312g 熟糯米（寿司米）
10mL 无盐黄油
312g 高脂肪绞碎牛肉
2 个煮熟的蛋白（不含蛋黄）
1 茶匙（约 6g）蛋壳粉
把米饭、黄油和碎牛肉混合在一起，加入蛋白和蛋壳粉，搅拌均匀即可饲喂。

食谱 2

312g 熟无调味麦芽粉
7.5mL 无盐黄油
227g 熟制鸡腿肉
1 个鸡蛋
10mL（2 茶匙）多脂奶油
奶酪碎（帕尔马干酪、意大利乳清干酪或切达干酪，备选）
将麦芽粉和黄油混合，待冷却后加入鸡肉、鸡蛋、奶油，可以根据需要加入奶酪碎。搅拌均匀即可饲喂。

食谱 3

227g 熟糯米（寿司饭）
10mL 无盐黄油
170g 煮红薯（犬主可以根据个人喜好，用马铃薯代替）
227g 绞碎猪肉或羊肉
3 个蛋白
1½茶匙蛋壳粉
将米饭、黄油、红薯、绞碎猪肉、蛋清和蛋壳混合，搅拌均匀即可饲喂。

这些食材中有一些更富有适口性，爱犬可能更喜欢其中的某些食物。尝试为爱犬提供更多种食物以丰富食材的多样性。可以用一些黄油烹饪任何食谱，也可以添加几汤匙高脂浓奶油以增加风味和辅食中的能量水平。www.nutritiondata.com 网站是非常好的参考工具，可以帮助计算犬膳食中的磷和脂肪含量。

其他推荐的食材

羊肚（瓣胃和皱胃）是另一种极好的低磷食物，可以用来代替肉类，通常在专门出售冷冻生食的宠物食品商店有售，也可以采购羊肚罐头来饲喂。

干制的鲭鱼和鲑鱼也可以代替肉类，以丰富爱犬膳食的多样性。因为鱼骨中含有充足的钙，在饲喂罐装鱼的时候，犬主不需要额外补充钙。犬主需要注意的是，罐装鱼的磷含量很高，应该谨慎使用。因为金枪鱼罐头不含蒸过的骨头，而且汞含量可能超标，因此需要避免选择。

因为猪肉和羊肉的脂肪含量很高，这两种肉是肾病犬的最佳选择。然而犬主需要监测胰腺炎的症状，患有肾病的犬会伴随胰腺炎的高风险，而胰腺炎需要低脂膳食。有关胰腺炎及其症状的更多信息，请参阅第 28 章“胰腺炎的膳食护理”。

适量的牛肾、牛肝或鸡蛋黄是爱犬的有益营养补充。这类食材富含磷和爱犬所需要的其他营养素，因此可以定期适当补充。

营养补充剂

以下营养补充剂对于犬的肾脏有保健作用。

鲭鱼或鲑鱼油

鱼油含有欧米迦 3 脂肪酸，有助于肾脏的保健。欧米迦 3 脂肪酸有天然的消炎作用，也可促进心脏和肝脏功能，帮助维持免疫系统，为健康的皮肤和光泽的毛发提供重要的物质基础。为了达到最好的效果，爱犬需要每天以每 4.54kg 体重摄入 1000mg 的剂量摄入欧米迦 3 脂肪酸。

辅酶 Q_{10}

最新研究表明，辅酶 Q_{10} 有助于降低肾脏受损犬的肌酐水平。爱犬需要每天以每 454g 体重摄入 2mg 的剂量摄入辅酶 Q_{10}。

维生素 A、B、E

这些维生素对维持肾脏功能很有帮助，应该每天补充。

Berte 益生菌粉

因为益生菌有助于保持消化道中有益的细菌平衡、帮助支持免疫系统，强烈建议为肾病犬每日补充益生菌。

Berte 促消化复合补充剂

这种补充剂含有酶和益生菌以促进消化，如果犬表现出任何胰腺炎的症状，补充这款营养补充剂是非常有益的。

延伸阅读

在线雅虎有一个精彩的名为K9 Kidney Diet（K9 肾保健膳食）的网友群（https://groups.yahoo.com/neo/groups/K9KidneyDiet/info）。该网友群的成员非常乐于助人，他们可以回答可能遇到的许多问题，并发布其他辅食的制作技巧和丰富的肾脏相关信息。

由玛丽·施特劳斯（Mary Straus）运营并维护的网站 www.dogaware.com 也提供了大量有关如何喂养、治疗和照顾患有肾脏疾病犬的信息；它还提供了一份极好的低磷食物清单。

第 26 章　肝病的膳食护理

肝脏是一个神奇的器官，负责机体内各种复杂的工作。合成蛋白质、代谢脂肪、过滤和清洁血液都是肝脏的重要功能。肝脏负担通常非常繁重，当犬的身体受到如药物、受伤、胃部不适和其他疾病等不同的应激和负荷时，肝脏功能和爱犬的生活质量都会受到影响。肝脏的神奇之处在于，它在很多情况下可以再生和自愈。

诊　　断

犬的肝病很常见，重要的是做到在犬的肝病恶化之前发现和治疗。

症　　状

肝病会引起各种各样的症状，其中包括：

- 体重下降和衰弱
- 没有精神，对正常活动失去兴趣
- 腹泻、胃部不适
- 间歇性呕吐和便秘
- 浅褐色或灰色粪便
- 尿液颜色加深，有时呈橙色
- 胃液潴留
- 黄疸
- 异常行为，如踱步、绕圈，甚至是癫痫发作
- 过量饮水和排尿

肝病的病因

肝脏有两个重要的功能，即清洁血液和代谢药物，这两个功能使得肝脏能接触到许多有毒的物质，从而导致肝病。当犬生病或受伤时，其肝脏还需工作，持续的压力和负担会导致肝病。对肝脏造成严重损伤并导致疾病的原因包括：

- 病毒性或细菌性疾病

- 真菌感染
- 中毒
- 血液循环紊乱
- 铜中毒
- 癌症
- 受伤
- 胰腺炎
- 慢性胃不适
- 甲状腺功能减退（这种疾病可能导致肝酶活性升高，需要正确诊断以确定犬是否患有甲状腺功能减退，使用适当的药物治疗可以解决这个问题）

肝脏是一个坚韧的器官，即使在严重受损和患病时，仍然有能力继续工作。肝病的明显症状往往是在疾病存在相当长时间后才出现，这可能使得早期诊断很困难。因此，犬主需要密切关注这些症状，如果发现犬的健康状况有变化，一定要咨询宠物医生。

宠物医生通常会进行血液检查来评估犬肝脏的健康情况，如果存在问题，可以确定如何治疗。根据症状的严重程度，还可能需要进行 X 射线、B 超、活检和胆汁酸检测等进一步检查。

治　　疗

治疗肝病有很多方法，有些可以在家中进行，严重的病例则可能需要通过手术、静脉输液或利尿剂治疗。在很多情况下，犬主可以在家中自行采取一些简单的步骤辅助治疗。

如果爱犬因为接触毒物或药物使肝脏受损，最好的办法是将该物质从犬的身体中清除，使肝脏得以自愈和再生。可以通过暂停使用药物或防范翻垃圾等行为，从而达到为爱犬治疗肝病的目的。

正如在前一章提到的，犬主需要仔细检查犬正在服用的药物。通篇阅读说明书，并与宠物医生反复讨论任何潜在的副作用。除了药物这个常见原因，环境中受污染的水、毒素，以及商业肥料、除草剂和杀虫剂等，都可能导致肝脏疾病。因此，犬主需要意识到环境中可能存在的肝病诱因[67]。

虽然肝脏能够自愈和再生，但它仍然需要保健。无论爱犬的肝病多么严重，多样化的自配辅食和定期使用的营养补充剂，都在肝脏保健与逆转严重的肝脏损伤方面大有裨益。自制辅食是防止爱犬发生肝病的最好防御措施，也是肝脏营养保健的最好方法，这有利于肝受损后的及时恢复。

膳食

患有肝病犬的营养问题，大部分与膳食有关。哪些食物最适合它们？它们能承受多少蛋白质和脂肪？对于肝病犬来说，最好的膳食是新鲜的自制辅食。如果犬主一直在饲喂生食或熟制的自配辅食，并很好地添加营养补充剂，则不必进行调整。为爱犬制作最佳的膳食，必须了解犬患有肝病的类型，需要从宠物医院得到肝病的确诊，并遵循宠物医生的治疗方案和护理指导。

蛋白质

很多犬主都收到过这样的告诫，对于患有肝病的犬要饲喂低蛋白膳食。犬主需要特别理解蛋白质对肝脏是无害的，并且对正常的肝功能、再生和修复至关重要。因此，限制蛋白质的摄入就等同于限制肝病的恢复。当犬患有慢性晚期肝病或肝门脉分流病时，蛋白质产生的氨会引起问题。

当肝脏受损严重或有肝门脉分流疾病时，氨进入体内可导致疾病的进一步恶化。对于这些特定的肝病，犬主需要了解哪些蛋白质产生的氨最少。

产生氨最少的蛋白质包括酸奶、茅屋奶酪等乳制品和鸡蛋。鱼肉和鸡肉产生的氨也较少，猪肉、牛肉、羊肉等哺乳动物的红肉代谢后产生的氨最多。然而，如前文所述，蛋白质中的氨含量只有在犬患慢性晚期肝病和肝门脉分流病时才需要引起犬主的重视。

患轻微肝病的犬可以摄食常规的生食和熟制的自配辅食，但膳食中的脂肪量应该减少。肝脏的主要功能之一是分解脂肪。受损的肝脏可能难以完成这一任务，因此建议为肝病犬饲喂低脂肪膳食。

优质蛋白对肝脏健康很重要，使用劣质蛋白质或过少的蛋白质实际上会导致肝脏损伤。动物蛋白中含有健康所需的氨基酸，植物蛋白（如谷物和植物来源的蛋白质）缺乏一些对器官健康和修复至关重要的氨基酸。动物蛋白有助于保持肝脏健康并赋予其再生能力。

如果爱犬所患的肝病影响了机体对氨的代谢能力，这种情况下需要为爱犬饲喂低氨的蛋白质。红肉代谢产生的氨最多，有关低氨的蛋白质请参照表 26.1。

表 26.1　肝病犬的膳食中需要考虑的蛋白源

低氨蛋白源
鸡蛋
低脂奶酪
低脂酸奶
鸡肉（去皮去脂）
鱼肉

如果犬的肝酶活性升高，但没有肝门脉分流问题或晚期肝病，犬主可以正常饲喂生食或熟制的自配辅食。肝脏负责分解脂肪，如果犬患有肝病，减少脂肪含量是有意义的。少食多餐有助于给犬的身体留出足够的消化食物的时间。在这种情况下，低升糖、低脂肪的膳食将是很好的选择。更多信息请参见第 30 章“低血糖症的膳食护理”。

碳水化合物

许多患有肝病犬的辅食设计中降低了蛋白质含量，同时添加碳水化合物作为补偿。如果犬有消化不良和食欲不振的倾向，消化大量碳水化合物的能力就会明显下降。虽然肝病犬需要一些碳水化合物，但不要过度依赖。最好为肝病犬提供复合型碳水化合物及可溶性纤维，有助于吸收氨和毒素，减少含氮废物。燕麦片含有比其他碳水化合物更多的可溶性纤维。建议肝病辅食中使用可溶性纤维含量高的碳水化合物。不溶性纤维也很有帮助，所以两种纤维都需要提供。表 26.2 列出了不溶性纤维和可溶性纤维的良好来源。

表 26.2　肝病犬膳食中的可溶性纤维和不溶性纤维的来源

不溶性纤维来源	可溶性纤维来源
粗粮、全麦、小麦麸	燕麦片、麸皮
大麦、粗麦粉、糙米、碾碎的干小麦	豆子、小扁豆、干豌豆
深色绿叶蔬菜	车厘子
西兰花、卷心菜	胡萝卜、黄瓜、芹菜
绿豆、深绿皮西葫芦	苹果、橘子、梨
根茎类蔬菜的外皮	草莓、蓝莓

脂肪

犬需要优质的脂肪来提供能量，患有肝病的犬也不例外。由于脂肪是通过肝脏代谢的，过量的脂肪会导致患有肝病的犬出现问题。因此，需要饲喂易消化的脂肪，并减少用量（表 26.3）。提供过多的或劣质的脂肪会对肝脏造成过重的负担。因此，建议为肝病犬提供适量的易消化脂肪，从肉类食材中去除多余脂肪，提供低脂乳制品。此外，建议少食多餐，将正常犬的每天两顿正餐改成每天吃 4～6 顿餐点。

表 26.3　肝病犬膳食中的优质脂肪源

脂肪源
肌间脂肪
深海鱼油或三文鱼油的欧米迦 3 脂肪酸

中度肝病的犬可以饲喂正常生食或熟制的自配辅食，但要注意减少脂肪含量。犬主可以通过提供低脂酸奶、脱脂酸奶、茅屋奶酪、去除鸡蛋中的蛋黄、低脂肉类、去除家禽肉皮上多余的脂肪，来轻松地减少肝病犬膳食中的脂肪量。

患有慢性肝病或肝门脉分流病的犬的理想膳食中应该含有优质、低氨的动物蛋白和少量的优质脂肪，以及高水平的可溶性纤维等复合碳水化合物。

每天大概饲喂的食物量如下：

45.36kg 的犬：907～1361g；或两餐，每餐 454～680g

34.02kg 的犬：680～907g；或两餐，每餐 340～510g

22.68kg 的犬：454～680g；或两餐，每餐 227～340g

11.34kg 的犬：227～340g；或两餐，每餐 113～170g

患有慢性肝病和氨代谢问题犬的食谱

以下是患有严重肝病的 34kg 左右的犬食谱。每种膳食都是一天的量，将食谱分成几份小餐。

样本食谱一

170g 熟鸡肉

1 个鸡蛋

170g 熟燕麦片

113g 罐装南瓜

170g 低脂茅屋奶酪

将奶酪、鸡肉、鸡蛋、燕麦片和南瓜搅拌均匀后饲喂。

食谱一中不包括肝病犬所需要的钙，在饲喂这两种自制辅食时需要添加钙补充剂，每 454g 膳食中需要加入 900mg 碳酸钙或柠檬酸钙，或 2.5g（半茶匙）蛋壳粉。

样本食谱二

170g 熟鳕鱼

1 个鸡蛋

170g 熟燕麦片

170g 全熟西兰花、花椰菜或红薯

113g 低脂酸奶

将鳕鱼、燕麦片和蔬菜泥混合。冷却后加入酸奶，搅拌均匀后饲喂。

食谱二中不包括肝病犬所需要的钙，在饲喂这两种自制辅食时需要添加钙补充剂，每 454g 膳食中需要加入 900mg 碳酸钙或柠檬酸钙，或 2.5g（半茶匙）蛋壳粉。

样本食谱三

170g 熟制的三文鱼或罐装三文鱼冲洗干净后充分沥水
3 个鸡蛋
170g 熟大麦
113g 低脂茅屋奶酪
2 片全麦面包
将鲑鱼、鸡蛋、奶酪、大麦和面包搅拌均匀后饲喂。

在肝病康复期间，如果确定犬在几周后可以恢复正常膳食，就无须担心膳食平衡问题。

患有肝病的犬伴发腹水，采用低盐辅食可以预防这种情况。不要在膳食中添加过多的盐分。自制辅食中常用食材的含盐量原本很低，这对于患有肝病的犬的膳食护理是非常有益的。当然，犬主需要确保将罐头中的鱼肉彻底冲洗干净并沥水。

营养补充剂

熟制的自配辅食可为犬提供绝大多数帮助恢复健康所需的营养。为了使犬最大可能地尽早康复并健康地生活到高龄，需要结合使用以下的营养补充剂。

益生菌粉

肝病犬需要有益菌协助其产生维生素 K。在辅食中添加益生菌，有助于产生肝病犬所需要的维生素 K。Berte 益生菌粉是理想的选项。Berte 益生菌粉呈粉末状，可以便捷地洒在膳食上，有助于保持消化道中的有益菌群的稳定。犬消化道中的有益菌群可能因犬腹泻、呕吐和应激而遭到严重的破坏。

绿色食品补充剂

犬患有慢性肝病或肝门脉分流病时，食物的选择通常是有限的。海带、掌状红皮藻和紫花苜蓿含有微量矿物质，是肝病犬所需矿物营养的理想来源。在犬的膳食中添加 Berte 绿色复合补充剂，有助于确保犬获得需要的所有微量矿物质。

维生素

水溶性维生素

肝病犬通常难以摄取充足的 B 族维生素和维生素 C 等水溶性维生素。B 族维生素有助于维持肝脏健康。当犬的肝脏出现疾病时，维生素 C 的合成会降低，因此每天补充这两种维生素是很有必要的。每天每 11.34kg 体重的犬摄入 50mg 复合 B 族维生素和 500mg 的维生素 C。

脂溶性维生素

当肝脏功能受损时，维生素 A 和 E 等脂溶性维生素在肝脏中的储存也受到影响。确保犬能够充足地摄取这些脂溶性维生素也很重要。建议犬主使用复合维生素。复合维生素包括所有肝病犬所需要的水溶性和脂溶性维生素，而不需要添加额外的矿物质。Berte 免疫营养复合补充剂可以有效满足这样的需求，犬主可以给犬使用推荐剂量的一半。

三文鱼或鱼油

欧米迦 3 脂肪酸对于犬营养非常重要。欧米迦 3 脂肪酸也可促进肝脏健康，每 4.54～9.07kg 体重的犬每天需要摄取 1000mg。此外，还需要同时为肝病犬补充维生素 E，以确保对欧米迦 3 脂肪酸的高效吸收。

消化酶

肝脏疾病会降低犬消化脂肪的能力，因此建议犬主为肝病犬补充来自动物源的优质消化酶。需要确保补充的消化酶中含有胰酶和胰脂肪酶。Berte 促消化复合补充剂包含这些必需的消化酶，以及促进肝脏功能的甜菜碱和益生菌。益生菌对于维持肝病犬胃肠道的有益细菌并帮助合成维生素 K 非常重要。

奶蓟

奶蓟草具有保护和强化肝脏的功效。研究证实，奶蓟草中的化合物可增强肝细胞对毒素的抵抗力，并刺激肝细胞增殖。这种草药有胶囊和液体酊剂两种制剂形式，但使用酊剂可以更快地吸收。建议将酊剂用等量的水稀释，以尽量减少酒精的灼烧感，并增加其适口性。建议起始剂量是每 9.07kg 体重补充 1.25mL[68]。

腺苷甲硫氨酸（SAM-e）

一些研究表明，腺苷甲硫氨酸（也称为丹诺士，SAM-e）是另一种改善和增强肝功能的营养补充剂。建议在两餐之间，以每 22.68kg 体重补充 200mg 腺苷甲硫氨酸的剂量饲喂肝病犬。

左旋肉碱

左旋肉碱缺乏会导致蛋白质缺乏。许多患有晚期肝硬化的犬缺乏这种氨基酸。

研究表明，这种氨基酸是患肝病犬促进肝脏功能的有效营养补充剂。建议按照每天每 22.68kg 体重补充 500mg 左旋肉碱的剂量饲喂肝病犬。

L-精氨酸

L-精氨酸也是促进肝脏功能的氨基酸，它能够有效地帮助肝脏循环并增加氧化。建议每天按照每 22.68kg 体重补充 250mg 精氨酸的剂量饲喂肝病犬。

注 意 事 项

- 这些膳食并没有“净化”肝脏！
- 每只犬的代谢都不一样，所以一旦开始饲喂新的膳食，就需要严格监测犬的体重变化。当犬出现消瘦趋势，就需要增加饲喂膳食的分量；当犬体重开始增高，就需要减少饲喂量。观察犬的体形时，正常体重的犬可以很容易地触摸到肋骨；若能够直接观察到肋骨，犬就过于消瘦了。
- 如果犬患有慢性晚期肝病或肝门脉分流等肝病，每天少食多餐是有帮助的。需要避免每天一到两顿的过量摄食，这会导致肝脏需要消化大量的脂肪。
- 自配辅食中含盐量低，有助于防止由某些肝病引起的腹水（体液潴留）。犬主不要在膳食中添加额外的盐分，并确保将罐装鱼表面进行彻底冲洗和沥水以洗掉盐分。
- 对于患有肝病而没有氨代谢问题的犬，提供正常膳食并适量降低脂肪含量就可以满足其营养需求。
- 患有氨代谢问题的犬，需要减少产氨食物的摄入，这有助于消除不适和恶心。
- 蛋白质是保持健康和促进肝脏功能的基石，因此一定要保证摄入足量的优质蛋白。
- 犬主需要安排宠物医生定期监测肝病犬的血常规，以便长期监控其肝功能，并有助于进一步的诊断、治疗和调整辅食配方。

第 27 章　甲状腺疾病的膳食护理

甲状腺疾病在犬中的发生率逐年增加，宠物医生对这一疾病的关注度也越来越高。甲状腺功能减退是目前犬最常见的内分泌疾病，其中有近 80%的甲状腺功能减退是由自身免疫性甲状腺疾病（也称淋巴细胞性甲状腺炎）引起[69]。甲状腺疾病发生时常伴有多种症状，其中许多症状与其他疾病的症状相似。这也是某些情况下很难对该疾病做出正确诊断的原因。常见的症状如下：

- 体重增加
- 毛发脱落
- 皮肤干裂
- 食欲增加
- 胃病
- 跛行
- 大脑反应迟钝
- 母犬热循环失调
- 不孕
- 运动不耐受或抗拒运动
- 对于热源和温暖的异常渴望
- 抑郁和悲痛的神情

珍妮·多德（Jean Dodds）博士近期描述了一些甲状腺疾病引起的犬行为上的变化。这样的变化包括情绪不稳、胆怯、有攻击性、亢奋、强迫症、易怒、恐惧症。传统观点认为，甲状腺疾病通常只发生于 4 岁及年龄更大的犬；但珍妮·多德博士报道了甲状腺功能减退更多地发生于年龄更小的犬身上，低至 18 月龄的犬也可以患上甲状腺功能减退。珍妮·多德博士预测甲状腺功能减退将会成为犬的一种流行性疾病[70]。

当犬只出现一部分上述症状时，可能被误诊为过敏、炎症性肠病（IBD）、关节炎和肥胖。这些症状在治疗后不见效果甚至恶化，这样的误诊和错误的治疗方案带给犬主严重的挫败感和沮丧的心情。

甲状腺疾病发生的主要原因是自身免疫反应。甲状腺疾病的病程发展可以跨越很长的时间，但大多数症状只有当甲状腺功能几乎全部丧失时才得以显现。在典型的甲状腺功能减退临床症状出现之前，有至少 75%的甲状腺组织出现损伤[71]。一旦犬甲状腺功能开始降低，就需要药物治疗才能存活。

甲状腺是调控激素分泌的腺体。甲状腺功能减退会造成甲状腺激素分泌减少，甲状腺功能亢进则导致甲状腺激素分泌增加。甲状腺功能亢进在犬中十分罕见。大多数宠物医生都能对甲状腺功能进行检测。常见的检测方式是对甲状腺素（T_4）水平的简单检测。新的检测方式也能通过促甲状腺激素兴奋试验（TSH 兴奋试验）进行。新型检测方法的出现，对甲状腺功能的检测更加全面与准确。来自 Homepet 宠物护理机构的珍妮·多德博士提供了更多的检测方法，并比较了不同犬种的甲状腺生理差异。如果读者想了解更多关于 Homepet 宠物护理机构珍妮·多德博士的甲状腺功能检测方法，请登录 www.hemopet.org/hemolife-diagnostics/veterinary-thyroid-testing.html.

甲状腺功能减退的血液学表现为甘油三酯增加或谷丙转氨酶（ALT）增加，同时伴随着血液中胆固醇升高。如果犬出现上述一种或全部变化，需要为犬做全套的甲状腺血液学检测。如果犬出现顽固的皮肤和被毛疾病、不明原因的跛行、精神沉郁、消化系统疾病或不明原因的体重增加和毛发脱落，犬主应该为犬做甲状腺功能的相关检查。即使检查结果并非是甲状腺功能减退，但排除甲状腺功能减退的可能也是有意义的。犬主可以在宠物医院为爱犬进行这类相对简单的血液学检测。

为什么犬甲状腺疾病会开始剧增呢？很多理论指出，诸如环境污染、疫苗接种和劣等家系都可能与此有关。上述因素为甲状腺疾病的发生原因或诱发因素之一，另一个影响甲状腺功能和激素平衡的因素可能是成品粮中的高碳水化合物含量。

成品粮中含有高水平的淀粉、谷物及添加剂。碳水化合物是谷物、蔬菜、水果的主要成分，当犬主用碳水化合物喂养犬时，会直接影响犬体内的激素平衡。用含有大量碳水化合物的食材作为食肉动物的膳食，会对动物体内的一些重要机能产生副作用。高碳水化合物膳食能够导致牙龈疾病及牙齿龋化，使维持器官功能的必需氨基酸减少；碳水化合物的高能值也会导致肥胖。此外，犬食用含有高碳水化合物的膳食，必须动用额外的能量来消化辅食纤维，这给犬相对简单的消化道造成了压力。犬的消化系统经过长久的演化，仅进化并适应了动物蛋白质和脂肪的消化与吸收。

给犬饲喂生鲜肉骨头或家庭自制辅食，其中含有 75%以上的动物源蛋白质和脂肪，这样的配比可以为犬提供生存所需的必需氨基酸、重要的牛磺酸和左旋肉碱。犬也需要从动物源性食材为主的膳食中摄取铁和其他矿物质。肉类还可以提供其他微量元素，包括维护甲状腺健康必需的碘元素。

生鲜肉骨头和自配辅食已在第 11 章“鲜食的配制方法”和第 12 章“熟食的配制方法”中分别介绍，这两种膳食对改善犬甲状腺疾病非常有效。

营养补充剂

营养补充剂对促进犬甲状腺功能非常有帮助，常见的营养补充剂包括以下几种。

EPA（二十碳五烯酸）鱼油胶囊

EPA 鱼油提供了犬容易吸收的必需欧米迦 3 脂肪酸。它可以增强免疫系统功能，与维生素 E 合用可以帮助调节激素分泌。

Berte 绿色复合补充剂

这种海洋植物混合物包含了海藻、螺旋藻、红藻及爱尔兰褐藻，这些藻类可以提供增强甲状腺功能所需的碘和其他微量元素。

Berte 免疫营养复合补充剂

这种维生素混合物包含了维生素 A、B、C、D，以及益生菌、动物源的消化酶类，这些物质都可以帮助强化机体的免疫系统。

第 28 章　胰腺炎的膳食护理

胰腺分泌消化酶，后者在小肠内对于食糜进行消化。同时，胰腺也分泌胰岛素来控制血糖水平。胰腺发炎会产生胰腺炎，这时消化酶流入消化道受阻，导致酶从胰腺溢出并进入腹腔。这可能导致胰腺释放过多的酶，消化自身组织，进一步导致胰腺发炎。更为严重的情况是，消化酶会分解邻近的组织器官如肝脏和肾脏中的脂肪及蛋白质。这将导致严重的不适和疼痛，需要带爱犬前往宠物医院进行治疗。如果治疗不及时，可能会导致严重的炎症和感染。如果胰腺出血，可能会导致爱犬休克，甚至死亡[72]。

本章将探讨如何预防胰腺炎，以及发生胰腺炎时如何护理和饲喂爱犬。

诊　　断

胰腺炎是一种犬常见的疾病，与影响犬类健康的其他疾病有着许多相同的症状，这时常造成误诊。

症状

患有胰腺炎犬的症状包括：

- 食欲不振
- 呕吐
- 因腹痛而弓起背部
- 腹泻

如果怀疑爱犬患有胰腺炎，立即带它去找宠物医生。如前所述，胰腺炎不治疗，会对胰腺和其他器官造成严重的损害，甚至导致死亡。

胰腺炎的病因

某些品种的犬和老年犬更易患胰腺炎。如果治疗得当，大多数犬可以从轻微的胰腺炎中完全康复。如果犬超重、患糖尿病或癫痫，则可能很难从胰腺炎中完全恢复[73]。

过去通常认为脂肪是引起胰腺炎的主要原因，然而事实并非如此。高脂肪膳食会加重胰腺病变，但脂肪本身不会导致这种疾病。虽然胰腺炎的确切病因在一定程度上仍存在不确定性，但最新的研究表明，以下因素能够诱导这种疾病的发生：

- 遗传性疾病，如高脂血症（高甘油三酯或高胆固醇血症），通常在迷你雪纳瑞和苏格兰牧羊犬中高发；
- 高钙血症，由甲状旁腺疾病或过度补钙引起；
- 某些药物，包括类固醇（强的松）、四环素和其他磺胺类抗生素、甲硝唑、硫唑嘌呤、雌激素、长效抗酸剂（西咪替丁、雷尼替丁）、利尿剂、对乙酰氨基酚和一些化疗药物（如天冬酰胺酶）；
- 甲状腺疾病；
- 肥胖；
- 接触常见的杀虫剂，如有机磷；
- 库欣综合征（肾上腺皮质功能亢进）、甲状腺功能减退、肝病和糖尿病；
- 虽然已有研究表明椎间盘疾病或脊髓损伤可能导致胰腺炎，但类固醇更有可能是真正的病因，因为这些药物常用于治疗此类损伤。

胰腺炎的分类

犬的胰腺炎与犬肾病相似，也分为急性胰腺炎和慢性胰腺炎两类。

急性胰腺炎通常有迹可循，如药物或疾病的反应。大多数引起急性胰腺炎的问题只发生一次。

慢性胰腺炎是通过时间的推移，发生几次急性发作，损害了胰腺；也可能是受到甲状腺功能减退等疾病的长期损害所致。

治　疗

如果犬情况严重，需要立即住院和静脉注射药物治疗。犬在宠物医院中通常会被禁食禁水数天，同时进行止痛治疗。

当爱犬出院回家后，在膳食管理和饲喂营养补充剂之外，犬主需要为犬安排大量的日常锻炼。这有助于犬保持身体精壮而健康，防止胰腺炎在将来复发。

膳食

犬受到胰腺炎影响时，在膳食方面可以进行以下调整。

爱犬在患上胰腺炎后需要减少脂肪摄入。再次强调，虽然脂肪通常不是引发胰腺炎的原因，但在胰腺恢复期，饲喂脂肪往往导致过度胰腺刺激，引起胰腺炎。降低膳食中的脂肪含量会使犬更容易恢复。

胰腺分泌胰岛素控制血糖水平，因此发现胰腺炎和糖尿病是两种密切关联的疾病就不足为奇。患有糖尿病的犬通常易患胰腺炎，反之亦然。如果怀疑犬的胰岛素水平有问题，最好控制膳食中的含糖量，限制饲喂高升糖指数的蔬菜、水果和蜂蜜。此外，少食多餐也有助于稳定犬的血糖水平，同时使酶活性保持在正常和健康的水平。

对于患慢性胰腺炎的犬，需要向宠物医生咨询有关长期护理的事项。一些犬可能需要在它们的膳食中暂时添加额外的消化酶，以帮助它们的消化系统回归正常，有一些慢性胰腺炎的犬可能需要永久性在膳食中额外添加酶。

推荐的食物

患有胰腺炎的犬摄食低糖蔬菜和一些淀粉含量高的食物会更适合，当膳食中脂肪含量降低，这些食材为犬的膳食中弥补一些减少的能量。理想的膳食包括 50% 的低脂动物蛋白、25%的低升糖指数蔬菜和 25%的高血糖生成指数食材（淀粉源）。犬主需要牢记：为使蔬菜和谷物更容易消化，必须将蔬菜充分熟化（表 28.1）。

表 28.1　胰腺炎犬的推荐食材

低脂动物蛋白（50%）	低升糖指数蔬菜（25%）	高血糖生成指数食材（淀粉源）（25%）
鸡胸肉（去皮、去脂）	西兰花和花椰菜	红薯
绞碎的瘦牛肉或低脂牛肉（熟制后沥干脂肪或煮至大部分脂肪溶失）	卷心菜	马铃薯
牛心或烤牛肉（去除多余油脂）	西葫芦（深绿皮西葫芦、黄皮曲颈西葫芦）	燕麦片
牛肝、肾（少量）	深色绿叶蔬菜	大米
蛋清	羽衣甘蓝或芥菜	大麦
低脂或脱脂原味酸奶或茅屋奶酪	罗马生菜	
	菠菜	

胰腺炎犬的食谱

在胰腺炎发生的恢复期，以下食谱只需要使用几天或几周；如果犬患有慢性胰腺炎，它可能需要长时间通过少食多餐的方式进食低脂肪的食物。

犬主如果需要长期饲喂这样的辅食，需要以每 454g 食物中添加 900mg 钙的剂量来保证犬能够摄取充足的钙。如果只是在 2 周以内的短时间内饲喂这样的辅食，那么就没有补充钙的必要。

如果护理得当，患胰腺炎的犬可以完全恢复健康。在恢复期内，犬主可以逐渐过渡为正常的膳食。当犬处于胰腺炎的恢复期，犬主需要牢记少食多餐的饲喂原则。将以下每天食谱的量分为 4 餐，有助于减轻恢复期胰腺的负担。

每天大概饲喂的食物量如下：

45.36kg 的犬：每日 907～1361g；或两餐，每餐 454～680g

34.02kg 的犬：每日 680～907g；或两餐，每餐 340～510g

22.68kg 的犬：每日 454～680g；或两餐，每餐 227～340g

11.34kg 的犬：每日 227～340g；或两餐，每餐 113～170g

以下每份食谱都是为体重在 22.68kg 左右、患有胰腺炎的成犬准备的一整天的膳食。犬主需要注意将每份食谱分成 3～4 顿，少食多餐，便于消化。

食谱 1

340g 熟制的牛心（熟制过程中沥干脂肪）

57g 煮熟的菠菜

113g 煮熟的西兰花

170g 熟红薯（去皮）

按照每 9.07kg 体重补充 500mg 的剂量添加消化酶、益生菌和 L-谷氨酰胺。将熟肉和蔬菜混合，待冷却后加入补充剂，搅拌均匀后饲喂。

食谱 2

227g 熟鸡胸肉

57g 熟卷心菜

113g 熟深绿皮西葫芦

170g 马铃薯（去皮）

113g 低脂或脱脂原味酸奶

按照每 9.07kg 体重补充 500mg 的剂量添加消化酶、益生菌和 L-谷氨酰胺。将熟肉和蔬菜混合，待冷却后加入酸奶和补充剂，搅拌均匀后饲喂。

食谱 3

227g 水煮瘦牛肉（熟制过程中沥干脂肪）

113g 熟制牛肾（熟制前去除脂肪组织）

57g 煮熟的羽衣甘蓝

113g 熟黄皮曲颈西葫芦

170g 熟燕麦片

按照每 9.07kg 体重补充 500mg 的剂量添加消化酶、益生菌和 L-谷氨酰胺。将煮熟的牛肉和牛肾、蔬菜和麦片混合，待冷却后加入补充剂，搅拌均匀后饲喂。

食谱 4

227g 熟炖牛肉或烤制的切碎瘦牛肉（熟制过程中沥干脂肪）

113g 煮熟的西兰花
57g 熟深绿皮西葫芦
113g 熟大麦
113g 低脂或脱脂茅屋奶酪
按照每 9.07kg 体重补充 500mg 的剂量添加消化酶、益生菌和 L-谷氨酰胺。将煮熟的牛肉、蔬菜和大麦混合，冷却后加入酸奶和补充剂，搅拌均匀后饲喂。

注意事项

每天将膳食分成 3～4 份，每餐都要添加营养补充剂。犬主可以根据个人喜好，饲喂生肉或熟制的肉。如果饲喂熟肉，需要在肉冷却后将完全煮熟的蔬菜和乳制品加入到熟肉中饲喂。

营养补充剂

在患有胰腺炎的犬的辅食中添加营养补充剂是非常必要的。患有胰腺炎的犬需要额外的补充剂使消化系统恢复平衡。建议使用以下补充剂。

消化酶、益生菌和 L-谷氨酰胺

消化酶有助于预先消化胃中的脂肪，从而减轻胰腺和肝脏的工作负担。益生菌包含有益的细菌，以帮助恢复消化道中的有益细菌。

L-谷氨酰胺有助于治疗消化道疾病。每天需要按照每 9.07kg 体重补充 500mg 的剂量添加 L-谷氨酰胺。

EPA 鱼油（二十碳五烯酸鱼油）

鱼油含有欧米迦 3 脂肪酸，是每种膳食必需的。对于患有胰腺炎的犬来说，欧米迦 3 鱼油可以减轻炎症反应，是非常有益的。每天需要按照每 9.07kg 体重补充 1000mg 的剂量添加鱼油。

复合维生素 C、E 和 B

当犬患胰腺炎时，需要限制其摄食量。随着犬的病情改善，犬主可以补充维生素 C 和 E，以及 B 族维生素。每天需要按照每 22.68kg 体重饲喂 500mg 维生素 C、400IU 维生素 E，以及一粒复合 B 族维生素胶囊的剂量为患胰腺炎的犬补充维生素。

第 29 章　糖尿病的膳食护理

每 500 只犬中就有 1 只被诊断为糖尿病。这虽然不是一个惊人的数字，但所有犬主都需要尽早了解并发现犬糖尿病的症状，知悉治疗方法，采取相应的膳食管理。虽然爱犬可能不会患糖尿病，但身边也许恰恰有患糖尿病的犬。在糖尿病早期，及时发现症状和诊断是非常重要的。

概　　述

人的糖尿病有两种类型，分为 1 型和 2 型。1 型糖尿病的机制是胰腺 β 细胞被破坏，导致机体无法生成胰岛素，血糖无法利用。2 型糖尿病的机制是胰腺的 β 细胞能够生成胰岛素，但是血液中存在抗胰岛素的抗体，或者胰岛素作用的靶细胞受体被破坏，又或者是胰岛素作用的靶细胞中葡萄糖转运系统受到破坏，这些情况均会导致胰岛素靶细胞不能利用葡萄糖，使胞外葡萄糖水平升高，引发糖尿病。犬只发生 1 型糖尿病。在凯赤珀（Catchpole）、雷斯特克（Ristic）、弗里曼（Fleeman）和戴佛森（Davidson）四位作者联合撰写的《犬糖尿病：老年犬能否提供新方案》（“Canine diabetes mellitus: can old dogs teach us new tricks”）一文中指出“现在还没有证据证明犬和人一样会患 2 型糖尿病。最常见的是犬在成年时突发胰岛素缺乏型糖尿病，需要进行胰岛素治疗。胰腺炎和（或）免疫介导性 β 细胞破坏是该病最主要的潜在因素”[74]。

犬 1 型糖尿病可以用胰岛素治疗。犬主需要定期带犬到宠物医院进行检查，每天两次在家监测血糖并注射胰岛素，这就要求犬主有很强的责任感。因为 β 细胞被破坏了，机体仍持续生成葡萄糖，但无法合成胰岛素消耗葡萄糖。当葡萄糖持续增加，机体开始使用脂肪而不是葡萄糖来生产能量。此时肥胖的犬体重下降，甚至失明、癫痫，并且由于体内酮体过多，还会出现酮体酸中毒的症状。

糖尿病的症状：

早期症状包括：

- 多尿
- 多饮
- 多食

- 体重减轻
- 精神不振

如果主人没有及时发现，随着疾病的发展，症状还包括：

- 脱水
- 癫痫发作
- 呕吐
- 白内障
- 昏睡，疲惫
- 体重明显减轻
- 昏迷

病因

研究发现，一些品种的犬发生糖尿病与基因有关，但是并不是所有的病例或品种都与基因有关。表 29.1 列出了犬的品种与基因型糖尿病风险程度的关系。

表 29.1　高风险品种[75]

高风险	中等风险	轻度风险	低风险
凯恩犬	卷毛比雄犬	查理士王小猎犬	拳狮犬
萨摩耶犬	边境牧羊犬	查尔斯猎犬	英国史宾格犬
	边境梗犬	可卡猎犬	德国牧羊犬
	柯利犬	杜宾犬	金毛犬
	腊肠犬	杰克罗素㹴	斯塔福郡斗牛犬
	英国赛特犬	拉布拉多犬	魏玛猎犬
	贵宾犬	罗威那犬	威尔士史宾格犬
	雪纳瑞犬	西高地犬	
	约克夏犬	杂交犬	

犬糖尿病可能由遗传引起，也可能由类固醇药物（如强的松）、病毒导致的免疫反应低下、劣质膳食加上肥胖引起。

这里有一项历时多年的犬流行病学权威调查，针对 5～12 龄的 182 087 只犬的研究发现，患糖尿病的犬主要是老龄、雌性、肥胖的犬。在这些犬中，860 只犬被诊断为糖尿病。这项研究还发现了一个非常有趣的现象：被诊断为糖尿病的犬更容易患尿道感染、耳朵感染、皮肤病、内分泌疾病、库欣综合征和胰腺炎等其他疾病[76]。

胰腺炎可能是由糖尿病引起的。β 细胞被破坏后，脂肪消化变得困难，进而导致胰腺炎。更多相关信息可见 www.2ndchance.info/diabetesdog-Statistics1.pdf。

还有一种糖尿病伴发尿崩症。尿崩症与葡萄糖无关，它是机体无法正常分泌抗利尿激素引起的一种疾病。尿崩症通常是后天发生，主要的诱因是药物和肿瘤，也可能是先天特发，病因不明。患尿崩症的犬的膳食无须特殊处理，但必须保证持续供水。患尿崩症的犬会整天频繁喝水和排尿。治疗需要用弥凝片（醋酸去氨加压素片）。更多详细信息见 www.mirage-samoyeds.com/diabetes2.htm

经高温加工的高碳水（糖）、低蛋白膳食是糖尿病的另一种诱因。犬是食肉动物，其良好的生长离不开动物脂肪和蛋白质，其心脏、肾脏和肝脏的健康离不开动物蛋白中含有的氨基酸。肝脏是一个有一定程度自我再生能力的器官，这离不开新鲜而优质的蛋白质。动物脂肪能给犬提供能量，帮助犬保存水分。食用碳水化合物时，体内的血糖水平更容易上下波动。高蛋白、低碳水的膳食方式能很好地稳定犬体内葡萄糖水平。

治　疗

犬糖尿病的治疗方法是注射猪胰岛素。一般每 12h 注射一次，维持血糖水平稳定。犬主需要严格遵循医嘱，并长期监测血糖以确定适当用药剂量。

膳食

有人猜测，高碳水、低蛋白的成品粮可能会增加如糖尿病等胰腺和肾上腺疾病的风险。摄食这种辅食的犬再使用类固醇，患以上疾病的风险就会大增。

糖尿病的病因对于犬的膳食需求差别不大。但是针对患糖尿病犬的大部分信息来自对人糖尿病的研究，更确切地说，是来自对 2 型糖尿病的研究。而犬只患 1 型糖尿病，而非 2 型糖尿病。除非犬有胰腺炎病史，一般没有必要改变辅食配方。如果犬主对爱犬进行生食饲喂，就不需要另外补充碳水化合物；如果饲喂熟制辅食，就要增加一点碳水化合物来提供纤维。无论饲喂生食还是熟制辅食，大量的优质蛋白和适量的脂肪都是必需的。

犬是肉食动物，需要动物蛋白和脂肪以维持健康。笔者推荐的膳食形式是低脂生肉喂养（去皮鸡肉、低脂肪肉块、剔除多余脂肪的鸡肉）或者低糖、低脂熟食喂养。熟制辅食含有 75%的低脂蛋白（如剔除多余脂肪的瘦肉、鸡蛋白、低脂酸奶和松软干酪）和 25%的低糖蔬菜。蔬菜是为了增加纤维摄入，使粪便成形。生鲜肉骨头喂养的骨头能够提供纤维，无须另外添加蔬菜。

建议犬主固定喂食时间，每天 3～4 顿的少食多餐模式比每天 1～2 顿更好。

营养补充剂

EPA（二十碳五烯酸）鱼油胶囊

研究发现，鱼油富含 EPA（二十碳五烯酸）和 DHA（二十二碳六烯酸），有益于增加免疫系统和调节血糖。每天需要按照每 4.54～9.07kg 体重补充 1000mg 的剂量饲喂。

Berte 促消化复合补充剂

这款产品配方含有消化酶（帮助犬胃预消化脂肪，减少胰腺负担）、益生菌（帮助消化，增强机体免疫功能）和左旋谷氨酰胺（维持胃肠道黏膜健康）。患糖尿病犬容易患胰腺炎，服用这款复合产品很有帮助。

Berte 免疫营养复合补充剂

这款产品添加了维生素 C、E、A、D，以及 B 族维生素、益生菌和酶，帮助犬强化免疫并促进健康。

第 30 章　低血糖症的膳食护理

本章将讨论碳水化合物对于癫痫、糖尿病、甲状腺功能减退、炎症性肠病（IBD）、库欣综合征、关节炎、过敏、不孕症、真菌过度生长与感染、尿失禁等犬病的影响，以及低糖膳食对于上述疾病的防治。

高蛋白、高脂肪、低糖是犬最佳的膳食。前文已经提到，犬对于碳水化合物没有营养需求。碳水化合物会增加犬粪便体积并造成消化系统的负担。碳水化合物中的糖分还直接影响犬体内的血糖水平。犬科动物习惯由蛋白质异生糖来满足机体对糖的需求，这能维持体内血糖水平的稳定。谷物和淀粉导致血糖水平上下波动，长此以往会引起一系列健康问题，如：

- 引起癫痫发作
- 直接影响糖尿病
- 引起肥胖
- 影响甲状腺
- 影响内分泌，从而影响生育能力
- 影响肾上腺，诱发库欣综合征

此外，碳水化合物常引起以下健康问题：

- 引起胃肠道不适和肠道炎症
- 为癌细胞的生长提供能量
- 引起关节炎症，加重关节炎
- 导致酵母菌过度生长和感染

如果犬已被诊断患有癫痫、甲状腺功能减退、糖尿病、过敏、关节炎或酵母菌感染，选择正确的喂养方式有助于治疗上述疾病。如果怀疑犬可能患有上述疾病，可以有针对性地调整自配辅食的配方来治疗或预防这些疾病。

笔者在下文中会逐一讨论癫痫、甲状腺功能减退、糖尿病、炎症性肠病（IBD）和库欣综合征的症状及治疗方法，以及如何选择处方粮来治疗或预防这些疾病。笔者将讨论对于疾病恢复有益的食材和应该避免的食材。针对患上述疾病的犬，犬主需要采取低脂的膳食来饲喂。

在本章的最后，会继续讨论癌症、关节炎及其他关节疾病、不孕症和真菌感染疾病，以及低糖膳食对于治疗这些疾病的益处。正常脂肪水平的辅食对于患有以上疾病的犬有很好的益处。

本章将讨论低脂低糖膳食和常脂低糖膳食，并解释每一种疾病所对应的合理膳食。

癫　痫

有一项试验结果显示，低糖辅食对患癫痫的犬没有益处[77]，但该试验并没有具体到所饲喂的蛋白质类型，甚至没有给出实验犬饲喂的成品犬粮、生食还是熟制的自配辅食。唯一确认的实验条件是膳食中含有非常高添加水平的脂肪。一些实验犬由于其犬主不遵守实验流程而排除在统计之外，导致最后严格按照既定流程完成实验的犬的数量太少，导致这个实验的结论缺乏必要的严谨性。在这个实验以外，有相当多的研究显示，饲喂含碳水化合物的辅食会提高犬患癫痫的风险，背后的原因是碳水化合物能够使血糖水平波动更剧烈，或者是犬对谷物蛋白不耐受引起的免疫反应。缺乏牛磺酸等在高温加工中遭到破坏的某些氨基酸也可能诱发癫痫[78]。

杰克的故事

杰克（Jake）是一只杜宾犬和拉布拉多犬的流浪杂交犬。它在 6 周龄大时被领养。杰克在 3 龄时开始抽搐，在短时间内反复发作。它的主人乔（Jo）尝试了常规医药和针灸等方法，但始终无法控制好它的癫痫病。在穷尽了所有常规的医疗方法后，乔加入了一个线上的犬癫痫互助群以探索其他治疗方案。该小组推荐的一个方法就是生食喂养。杰克的主人没有其他的选择，只能开始给杰克饲喂生食。

在 5 个月内，杰克的抽搐发作频率从每两周 7 次降低到每月一次。连它的宠物医生都对生食的巨大改善作用感到大为震惊，毕竟其他治疗方法全都失败了。

尽管碳水化合物和癫痫的关系仍有待研究，但当下的实验数据已经证实了高水平的优质蛋白、高水平的优质脂肪及限制碳水化合物的辅食作为癫痫犬的治疗方式值得尝试。优质的动物蛋白能为犬提供需要的所有氨基酸，而新鲜的食材能为犬提供更多的营养。

营养补充剂

EPA（二十碳五烯酸）鱼油胶囊

鱼油、维生素 E 和消化酶对患癫痫的犬都是非常好的补充剂。

复合 B 族维生素

补充复合 B 族维生素已被证明可以缓解人和动物的癫痫发作。

二甲基甘氨酸

二甲基甘氨酸（DMG）是一种甘氨酸衍生物，已经证明其在缓解或终结癫痫发作方面具有良好的效果。二甲基甘氨酸有益于机体的神经递质，可提高身体耐力。此外，它有助于提升血细胞携氧能力，不仅能够帮助对抗疲劳，还可能有助于应对免疫系统疾病和某些癌症。二甲基甘氨酸在控制葡萄糖代谢方面可能发挥一定的作用，对大脑功能也有所帮助[79]。犬服用的最佳方式是用滴管在牙龈处施用液体的二甲基甘氨酸。

糖　尿　病

小动物的糖尿病是一个很复杂的问题。犬、猫的糖尿病类型有所不同。猫通常患 2 型糖尿病，但犬仅患 1 型糖尿病。近来的研究表明，更高含量的蛋白质膳食对猫更有效，这可能也适用于犬。

研究认为猫是食肉动物，需要蛋白质，这对犬同样适用。提高膳食中的动物蛋白含量会让血糖水平更稳定。鲜食更易于消化，还能提供比成品粮更多的生物活性物质。

糖尿病与人和犬的肥胖密切相关。最新的研究表明，含有低糖、高蛋白和中等水平脂肪的膳食可以稳定血糖水平。《膳食在预防糖尿病和肥胖中的作用》（“Role of diet in the prevention of diabetes and obesity”）一文也给出了相近的结论，“低糖高蛋白和中等水平脂肪的膳食有助于预防和管理肥胖及葡萄糖不耐受，同时降低犬、猫糖尿病的患病风险。摄取低升糖指数的碳水化合物、肉碱、铬和维生素 A 也是有利的”[80]。如果犬主在犬的膳食中添加碳水化合物，最好使用低升糖指数的蔬菜，并确保蔬菜已经完全熟制，易于消化。

预防疾病的发生永远胜于最好的治疗。预防肥胖和糖尿病的第一道防线就是饲喂易消化、易于吸收利用的生食或熟制的自配辅食。如果爱犬已经患有糖尿病，除了合理膳食之外，提供一定的营养补充剂也是有益的。

营养补充剂

肉碱、铬、维生素 A、复合维生素 B、维生素 E 和欧米迦 3 鱼油是患糖尿病犬很好的营养补充剂。此外，消化酶也很有帮助，能辅助消化脂肪。

二甲基甘氨酸（DMG）有助于控制葡萄糖代谢，对降低血糖和控制糖尿病都有益处。

甲状腺功能减退

甲状腺调节机体的多项功能。甲状腺功能减退的症状有很多种，如体重的变化、皮肤病、胰腺炎等。虽然甲状腺功能减退症状复杂多样，但诊断方法却很简单，通过血液检测就可以诊断出甲状腺功能减退。如果爱犬的甲状腺分泌不足，宠物医生会开具甲状腺药物来治疗甲状腺功能减退，使甲状腺素水平恢复到正常范围，从而减轻各种症状。

为患有甲状腺功能减退的犬自制辅食，以保证膳食中低碳水、中等水平脂肪和高蛋白质的营养成分，对治疗甲状腺功能减退大有裨益。同时，犬主需要避免饲喂可以导致甲状腺肿大的食材。需要避免的食材包括大豆和豆制品、卷心菜、西兰花、白萝卜、芜菁甘蓝、芥菜、羽衣甘蓝、菠菜、抱子甘蓝、桃子、梨、草莓、花椰菜、马铃薯和玉米。如果犬主对以上食材有强烈的喜好，也务必适量饲喂，并一定做到彻底熟制。彻底熟制能除去以上食材中抑制甲状腺功能的物质。此外，因为大豆会阻断钙、碘和镁等矿物质的吸收，而患甲状腺疾病的犬需要钙、镁等矿物质维持良好的身体健康，因而犬主要在患有甲状腺功能减退的犬自制辅食中避免使用大豆及其制品。有专家认为低至30mg的大豆异黄酮就会与甲状腺激素竞争细胞上相同的受体，从而引起内分泌紊乱。内分泌系统会把大豆异黄酮误认为是一种甲状腺激素，而不会再传递机体需要合成甲状腺激素的信号。如果机体的甲状腺激素分泌水平已经低于正常值，添加大豆异黄酮就会加剧甲状腺内分泌性疾病[81]。有关甲状腺和甲状腺疾病的更多内容，请参阅第27章“甲状腺疾病的膳食护理”。

营养补充剂

推荐患有甲状腺功能减退的犬服用鱼油、复合B族维生素、维生素E、消化酶等营养补充剂以帮助脂肪的消化。

炎症性肠病（IBD）

炎症性肠病已成为犬的常见疾病。当犬无法消化高纤维成品粮中的大量碳水化合物时，犬的肠道内壁会出现炎症。随着肠道炎症的持续恶化，发展成慢性疾病，犬将出现对于脂肪的消化不良。富含碳水化合物和纤维的干粮会加重肠道炎症，犬也会由于肠道内壁的炎症而产生对脂肪不耐受。个别宠物医生会针对这种情况开具相应的商品处方粮，但一些处方粮中的纤维和碳水化合物含量过高，脂肪含量低，蛋白品质差，营养的可利用性也低。这样的处方粮的作用仅仅是从结肠中吸收更多的水分，从而使粪便更坚实，掩盖症状，而消化道受到的刺激和炎症问题依然没有解决。患炎症性肠病犬需要的是低脂、低糖的膳食来缓解消化系统的应激，让肠道愈合。低脂、低糖的生食是患炎症性肠病犬最理想的辅食，这种辅食易于消化，并通过优质的营养促进肠道的愈合。

营养补充剂

炎症性肠病的有益补充剂包括益生菌、左旋谷氨酰胺和消化酶。益生菌能够保持肠道益生菌的平衡，辅助消化；左旋谷氨酰胺能够促进肠道愈合；而消化酶则能够在胃内预消化脂肪和蛋白质。Berte 促消化复合补充剂含有上述三类补充剂，产品质量好，使用也方便。同时服用这三类补充剂，有助于肠道营养吸收、腹泻改善和肠道愈合。

库欣综合征

库欣综合征是肾上腺皮质分泌过多的皮质醇引起的疾病，通常由垂体或肾上腺肿瘤引起。该病治疗难度大。犬的库欣综合征可能进一步发展成胰腺炎、免疫功能低下、容易感染、多饮多尿、被毛脱落等。低脂、低糖的辅食能够预防胰腺炎，并减少皮质醇分泌，因此对犬非常重要。碳水化合物能够引起血糖的上下波动，导致机体持续分泌胰岛素来制衡糖的影响。这会导致肾上腺持续分泌皮质醇，加重患犬病情。饲喂低升糖指数蔬菜和低脂的蛋白质能够减少肾上腺对皮质醇的分泌，发挥保护胰腺的作用。建议犬主针对库欣综合征患犬饲喂低脂、低糖的辅食，并且力求少食多餐，避免采用每天一两顿饱餐的饲喂方式。

营养补充剂

建议库欣综合征的患犬按照每天以每 4.54～9.07kg 体重为标准饲喂如下补充剂：1000mg EPA（二十碳五烯酸）鱼油胶囊、维生素 C、生物类黄酮、维生素 E、高质量复合 B 族维生素、Berte 绿色复合补充剂补充微量元素、益生菌和二甲基甘氨酸（DMG）。

低脂、低糖的食谱

癫痫、甲状腺功能减退、糖尿病、炎症性肠病和库欣综合征患犬需要低脂、低糖膳食来维持身体状况。在很多情况下，这样的膳食有助于预防这些疾病的发生。下面食谱中使用的肉类可以是生食，也可以熟制。

每天大概饲喂的食物量如下：

45.36kg 的犬：每日 907～1361g；或两餐，每餐 454～680g

34.02kg 的犬：每日 680～907g；或两餐，每餐 340～510g

22.68kg 的犬：每日 454～680g；或两餐，每餐 227～340g

11.34kg 的犬：每日 227～340g；或两餐，每餐 113～170g

下面食谱中，食物总重量为 907g，足够喂食体重 45.36kg 的犬 1 天、体重 22.68kg 的犬 2 天、体重 11.34kg 的犬 4 天。

食谱一

454g 低脂肪绞碎牛肉

113g 牛肝或牛肾

113g 蒸熟或煮熟的西兰花

113g 熟黄皮曲颈西葫芦

113g 零脂肪酸奶

肉生食或者熟制后饲喂都可行，把肉和完全熟制的蔬菜充分混匀，待冷却后再加入酸奶，混匀后饲喂。

可选择下列补充剂：

1800mg 钙

5g Berte 绿色复合补充剂，可补充微量元素

5g Berte 免疫营养复合补充剂，可补充维生素、益生菌和酶

按照每 9.07kg 体重的犬补充 1000mg EPA（二十碳五烯酸）鱼油或三文鱼油的剂量饲喂。

食谱二

454g 白鸡肉，去皮去脂肪

113g 鸡肝

2 个鸡蛋白，炒或微煮

113g 蒸熟或煮熟的菠菜

113g 煮熟的卷心菜

57mL 零脂肪酸奶

把肉、鸡蛋和完全熟制的蔬菜充分混匀，待冷却后再加入酸奶，混匀后饲喂。

可选择下列补充剂：

1800mg 钙

5g Berte 绿色复合补充剂，可补充微量元素

5g Berte 免疫营养复合补充剂，可补充维生素、益生菌和酶

按照每 9.07kg 体重的犬补充 1000mg EPA（二十碳五烯酸）鱼油或三文鱼油的剂量饲喂。

食谱三

450g 牛心（用绞肉机绞碎或手工切成小块）

113g 牛肝或猪肝

113g 蒸熟或煮熟的小白菜或大白菜

113g 煮熟的深绿皮西葫芦

57mL 零脂肪酸奶

把肉、鸡蛋和完全煮熟的蔬菜充分混匀，待冷却后再加入酸奶。

可选择下列补充剂：

1800mg 钙

5g Berte 绿色复合补充剂，可补充微量元素

5g Berte 免疫营养复合补充剂，可补充维生素、益生菌和酶

按照每 9.07kg 体重的犬补充 1000mg EPA（二十碳五烯酸）鱼油或三文鱼油的剂量饲喂。

食谱四

454g 鲭鱼或三文鱼罐头

113g 牛肾

2 个鸡蛋白，炒或微煮

113g 蒸熟或煮熟的西兰花

113g 煮熟的甘蓝或其他深绿叶菜

57mL 零脂肪茅屋奶酪

将熟制的蔬菜、鸡蛋和鱼罐头充分混合。鱼罐头是熟的，无须再加工。待食物冷却后再加入零脂肪茅屋奶酪。因为食谱里的鲭鱼、鲑鱼或沙丁鱼含有软的、蒸过的骨头，可以提供充足的钙，因此食谱四中不需要额外补充钙。

可选择下列补充剂：

5g Berte 绿色复合补充剂，可补充微量元素

5g Berte 免疫营养复合补充剂，可补充维生素、益生菌和酶

按照每 9.07kg 体重的犬补充 1000mg EPA（二十碳五烯酸）鱼油或三文鱼油的剂量饲喂。

关 节 炎

如果爱犬患有关节炎或遭受关节疼痛，治疗的重点是消减关节的炎症并帮助犬维持健康的体重。患关节炎的犬需要保持较低的体重，以减少对关节的压力。最简单的方法就是避免为爱犬饲喂谷物和淀粉，这些食材的摄入很容易导致肥胖。此外，避免饲喂番茄、甜椒、马铃薯、茄子等多种茄科植物。茄科植物和谷物一样，有加重炎症的作用。如果爱犬需要减肥，犬主需要采用低脂、低糖的辅食饲喂。

营养补充剂

EPA（二十碳五烯酸）鱼油对缓解炎症非常有效。另外，含葡萄糖胺、软骨素、锰的配方能够帮助润滑关节，减少关节肿胀。如果犬主希望使用天然营养补充剂，可以考虑丝兰草药酊剂。用量为每 4.54kg 体重施用 1 滴丝兰草药酊剂，需配合食物服用，以避免呕吐。

更多关节炎和关节疾病的相关信息，参见第 32 章“关节病的膳食护理”。

过 敏

过敏的常见症状有皮肤发痒、摇头、舔爪、耳道黏且有气味。如果怀疑犬患过敏症，需要携犬前往宠物医院就诊，做皮肤刮片和耳道微生物培养，以确定是否有细菌或真菌感染。微生物培养还能帮助宠物医生选择正确的抗生素。如果爱犬疑似患有过敏症，切记咨询宠物医生下面两个重要的问题：

- 是过敏还是其他健康问题？
- 如果确认爱犬患过敏症，是环境致敏还是食物致敏？

如果犬疑似对环境过敏，犬主需要注意家里所有新添置的物品。地毯、床垫、家用清洁器和喷雾都是常见的家庭过敏原。

另一方面，食物过敏原更难鉴定。因为成品粮的配料通常有很多种，筛查成品粮中的过敏原难度极大。

生食或家庭自制辅食可以提供更好的营养，同时减少潜在的过敏风险。自制辅食中配料较少，犬主在为爱犬提供优质营养的同时，可以完全自主地选择配料。含有正常水平脂肪和低升糖食材是膳食均衡的基础，再为爱犬添加一些个性化的食材以符合犬的理想营养需要。犬主要力求为爱犬提供尽可能多种多样的食材，这是防范过敏症的最好方法。

营养补充剂

如果犬发生过敏性皮肤病，可以通过补充鱼油来减轻皮肤炎症。

更多关于过敏、食物不耐受、治疗和辅食的信息，参见第 31 章“过敏性疾病的膳食护理”。

不 孕 症

犬是天生的食肉动物，其生理结构高度适应动物来源蛋白质、脂肪和骨骼等的摄食。这类食物为犬提供了正常繁育所需的维生素和矿物质。给犬饲喂高升糖指数膳食会导致激素分泌紊乱，进而影响犬的生育能力。在饲喂了高升糖指数的膳食 15～30min 后，就会引起犬血糖水平激增；当血糖水平下降时，身体释放皮质醇和肾上腺素来维持血糖水平的稳定。长时间维持血糖水平的需求，对肾上腺造成损害。为了维持正常的激素水平，负责分泌激素的肾上腺可能会处于过度劳累的状态。肾上腺的激素分泌不足会影响雌激素、孕酮和睾酮的分泌，进而削弱母犬和公犬的生育能力，此外，许多碳水化合物中含有植酸，植酸会阻断机体对于锌的吸收，而锌是有助于生育的矿物质。

营养补充剂

维生素 E 和 EPA（二十碳五烯酸）鱼油胶囊中的欧米迦 3 脂肪酸是机体正常调节激素所必需的营养素。

酵 母 菌

酵母菌病的病因有很多种。患过敏的犬常因皮肤瘙痒抓挠导致酵母菌感染，用于治疗皮肤疾病的常用药物（如类固醇和抗生素），也会促进了酵母菌的滋生。

酵母菌感染引起的症状与过敏反应非常相似。没有正确的诊断和治疗方法，酵母菌病和过敏会反复发作，令爱犬感到极度不适。如果怀疑犬面临真菌感染的风险，需要携犬前往宠物医院做皮肤微生物培养，以确定细菌和酵母菌的感染情况。皮肤微生物培养测试可以指导酵母菌感染的治疗。

酵母以糖为食，饲喂低生糖及正常脂肪水平的食材有助于抑制酵母的生长。此外，经常用燕麦香波为爱犬浸浴并以白醋水（白醋和水按 1∶1 混合）冲洗，能让犬倍感舒适。

营养补充剂

益生菌能够保持消化道细菌平衡，可非常有效地抑制酵母菌过度生长。

尿 失 禁

尿失禁是指尿液不自主地流出。长期尿失禁可导致皮疹、皮肤瘙痒和尿路感染。一般认为，饲喂谷物和淀粉可能会加重绝育母犬和老年犬的尿失禁。不吃谷物可以缓解该病，甚至完全停止尿失禁，无须重新服用处方粮。饲喂含有低升糖指数食材和正常脂肪水平的辅食是缓解尿失禁的食疗方法。

有关尿失禁和膀胱健康的更多信息，参见第 33 章“尿路疾病的膳食护理”。

补充剂

玉米丝是治疗尿失禁的最佳疗法之一，可用作草药酊剂。它能强化尿路的肌肉组织，在几天内就可见良好的疗效。

食 谱

下列含有低升糖指数食材以及正常脂肪水平的食谱，对患有关节炎、过敏、酵母菌疾病和尿失禁的犬大有裨益。

下面食谱中使用的肉类可以是生食，也可以熟制。

低糖、常规脂肪辅食

每天大概饲喂的食物量如下：

45.36kg 的犬：每日 907～1361g；或两餐，每餐 454～680g

34.02kg 的犬：每日 680～907g；或两餐，每餐 340～510g

22.68kg 的犬：每日 454～680g；或两餐，每餐 227～340g

11.34kg 的犬：每日 227～340g；或两餐，每餐 113～170g

下面食谱中，食物总重量为 907g，足够喂食体重 45.36kg 的犬 1 天、体重 22.68kg 的犬 2 天、体重 11.34kg 的犬 4 天。

食谱一

454g 正常的绞碎牛肉

113g 牛肝或牛肾（以少量黄油煎）
113g 蒸熟或煮熟的西兰花
113g 熟黄皮曲颈西葫芦
113g 全脂酸奶
犬主需要了解肉生食或者熟制后饲喂都可以，把肉和完全熟制的蔬菜充分混匀，待冷却后再加入酸奶，混匀后饲喂。
可选择下列补充剂：
1800mg 钙
5g Berte 绿色复合补充剂，可补充微量元素
5g Berte 免疫营养复合补充剂，可补充维生素、益生菌和酶
按照每 9.07kg 体重的犬补充 1000mg EPA（二十碳五烯酸）鱼油或三文鱼油的剂量饲喂。

食谱二

454g 绞碎的白羽鸡肉
113g 鸡肝（以少量黄油煎）
2 个鸡蛋，炒或小火煮
113g 蒸熟或煮熟的菠菜
113g 煮熟的卷心菜
57mL 零脂肪酸奶
把肉、鸡蛋和完全熟制的蔬菜充分混匀，待冷却后再加入酸奶，混匀后饲喂。
可选择下列补充剂：
1800mg 钙
5g Berte 绿色复合补充剂，可补充微量元素
5g Berte 免疫营养复合补充剂，可补充维生素、益生菌和酶
按照每 9.07kg 体重的犬补充 1000mg EPA（二十碳五烯酸）鱼油或三文鱼油的剂量饲喂。

食谱三

450g 绞碎猪肉
113g 牛肝或猪肝（以少量黄油煎）
113g 蒸熟或煮熟的小白菜或大白菜
113g 煮熟的深绿皮西葫芦
57g 茅屋奶酪
把肉、鸡蛋和完全煮熟的蔬菜充分混匀，待冷却后再加入酸奶。

可选择下列补充剂：

1800mg 钙

5g Berte 绿色复合补充剂，可补充微量元素

5g Berte 免疫营养复合补充剂，可补充维生素、益生菌和酶

按照每 9.07kg 体重的犬补充 1000mg EPA（二十碳五烯酸）鱼油或三文鱼油的剂量饲喂。

食谱四

454g 鲭鱼或三文鱼罐头

113g 牛肾

2 个鸡蛋，炒或小火煮

113g 蒸熟或煮熟的西兰花

113g 煮熟的甘蓝或其他深绿叶菜

57g 零脂肪茅屋奶酪

将熟制的蔬菜、鸡蛋和鱼罐头充分混合。鱼罐头是熟的，无须再加工。待食物冷却后再加入零脂肪茅屋奶酪。因为食谱里的鲭鱼、鲑鱼或沙丁鱼含有软的、蒸过的骨头，因此食谱四中不需要额外补充钙。

可选择下列补充剂：

5g Berte 绿色复合补充剂，可补充微量元素

5g Berte 免疫营养复合补充剂，可补充维生素、益生菌和酶

按照每 9.07kg 体重的犬补充 1000mg EPA（二十碳五烯酸）鱼油或三文鱼油的剂量饲喂。

第31章　过敏性疾病的膳食护理

皮肤病的病因

皮肤瘙痒红肿、发疹、流泪、摇头、舔爪和耳道黏糊等问题困扰着很多犬。不幸的是，这些常见疾病既难诊断也难治愈。在这一章，我们将讨论皮肤病的主要原因、过敏和食物不耐受的原因，两者的区别和共同治疗方法，以及缓解过敏的理想饲喂方式。

甲状腺功能减退、库欣综合征、自身免疫性疾病、过敏（食物和环境）、皮肤寄生虫（螨虫和跳蚤）、细菌和酵母菌等都会引起皮肤病，有时皮肤病的病因还不止一种。如果爱犬患有以上疾病，犬主需要携爱犬前往宠物医院进行全面检查、皮肤刮片和耳道微生物培养。皮肤病很难控制，一旦犬开始抓挠，受影响的皮肤面积增加，会引发更多的问题。常见的例子是出现过敏反应的犬抓挠，引起酵母菌和细菌感染。微生物培养可以判断是否有细菌感染及细菌的种类，能够帮助宠物医生选择最适宜的抗生素。如果皮肤刮片培养没有结果，可以进行血液检查和尿检，以确定是否存在更严重的和潜在的健康问题。

抗生素能暂时缓解犬皮肤病的症状，但重要的是，如果微生物培养不能确定病因，则抗生素治疗不能彻底解决问题。无论病因是酵母菌、细菌、环境过敏还是食物不耐受，爱犬问题的根源必须找到。犬主考虑如何通过改变环境或调整膳食来解决问题，而不仅仅为缓解症状。

食物过敏和环境过敏是犬抓挠皮肤、揉脸、流泪、耳道感染、皮疹和皮肤溃疡的主要原因。上述症状是由过敏原引起过敏反应，偶见犬呕吐和腹泻的症状。判断犬的症状属于环境过敏还是食物过敏很重要。犬很少发生食物过敏，食物过敏大多数时候发生在犬2岁之后。通常来说，患食物过敏的犬终生都食用同一种成品粮。当身体长时间反复接触相同的过敏原后，身体不再认为这些食物是正常的，从而产生免疫反应。过敏反应是一种自身免疫系统反应。

食物不耐受仅局限于消化道，症状是呕吐或腹泻，或者兼而有之。食物不耐受不是免疫介导的，与免疫系统无关，是身体对食物中某种物质或毒素的反应。例如，迷你雪纳瑞通常有脂肪吸收功能障碍，因此饲喂高脂肪膳食会导致问题出现；给谷蛋白不耐受的犬喂食谷物和淀粉时，可导致其排矢气（放屁）和腹泻；给乳糖不耐受的犬饲喂未经发酵的乳制品时，可能会导致腹泻和肠道不适。

长期饲喂爱犬不耐受的食物，最终会导致犬的消化道黏膜发炎；如果不予以重视和治疗，消化道黏膜发炎会进一步发展成为炎症性肠病或结肠炎等慢性消化道疾病，还会引起免疫系统抑制，并导致其他健康问题的并发。

如果为爱犬饲喂的是由多种新鲜食材搭配而成的自配辅食，而犬仍然患上慢性皮肤瘙痒并出现抓挠症状，这可能就是环境过敏所引起的。环境过敏测试比食物过敏测试更可靠，可以查明犬过敏的根本原因。

如果怀疑犬对环境过敏，需要快速检查一下家里新近添置的物品。常见的环境过敏原有地毯、床垫、家用清洁器和喷雾。给犬洗澡能够暂时洗掉身上的过敏原。食物过敏更难识别和确定，因为成品粮通常含有很多种的配料，筛查成品粮中的过敏原难度极大。

治疗和预防皮肤病最简单的方法是保持犬垫子上的用品及房间地板清洁。尽量给犬创造安全、无毒和卫生的环境。经常给犬用非过敏性香波洗澡，定期刷毛能够保持犬的皮肤健康。

各种过敏原引起的症状都很常见。过敏是自身免疫系统反应的结果，可以通过使用类固醇药物为犬缓解症状。需要再次强调，如果没有找到爱犬过敏的根本原因并有效对症下药，结果只能是爱犬不断重复同样的症状。长期使用类固醇和抗生素会引起其他问题。犬主只有找到根本原因并有针对性地治疗，才可以让爱犬免于过敏的长期困扰。

皮肤病是自身免疫反应或免疫系统被抑制的结果，因此强大的免疫系统是非常重要的。健康的免疫系统是犬抵抗疾病的第一道防线，如果犬的免疫系统受损，抵抗力下降，会患上各种疾病。过敏和食物不耐受就是免疫系统紊乱时产生的问题。

有几个因素会引起犬免疫系统过度活跃或抑制，注意消除这些因素以确保免疫系统回归平衡。接种疫苗后，免疫系统会被抑制 2～3 周，重复接种对免疫系统影响很大。此外，在幼龄（8 周龄以下）时接种疫苗会损害免疫系统。最重要的是，要确保犬在接种疫苗时是健康的。患病犬的免疫系统已经受损，再接种疫苗会威胁到免疫系统。

应激也会造成免疫系统疾病。更换主人、旅行、天气变化、激素、麻醉、长期使用某种药物（如抗生素、类固醇）都会引起应激反应。回想一下犬开始出现症状的时间、在出现症状前几个月发生了什么事情，这对于诊疗是非常有帮助的。

辅　　食

辅食对皮肤病的预防和管理非常重要。不管皮肤发痒的原因是什么，均衡健康的辅食能够增强犬的免疫力，减少皮肤病恶化的概率。高品质的辅食是主人给犬提供的最有价值的事情，是强化免疫系统最重要的物质基础。如果爱犬患自身免疫或免疫抑制性疾病，为爱犬饲喂富含多种蛋白质的新鲜生食或熟制的自制辅食非常重要。

如果犬不得不服用抗生素和类固醇，要留心酵母菌，抗生素和类固醇这些药物会加剧酵母菌引起的问题。如果宠物医生已经给犬开具了抗生素，就需要在膳食中添加益生菌来维持消化道中有益菌的数量。益生菌的添加可以降低犬患酵母菌感染的风险。

如果用成品粮饲喂爱犬，犬主需要仔细检查配料表，确保该成品粮在含有优质动物蛋白的同时，摒弃了廉价的配料。廉价的配料可能会引起过敏。如果饲喂的是鲜食，注意观察犬的反应，坚持用最适合的辅食来饲喂爱犬。谷物等食材更容易引起过敏反应。坚持给犬提供均衡多样的膳食，请参考第 2 部分“自配辅食饲喂爱犬”。

营养补充剂

除了新鲜均衡的食材，营养补充剂对犬的皮肤和毛发健康同样重要。使用下列补充剂可大大减少犬的抓挠情况，为犬主省下携带爱犬就诊的经济投入和时间。

EPA（二十碳五烯酸）鱼油

鱼油对皮肤、毛发和免疫系统大有裨益。每天按照每 4.54～9.07kg 体重喂食 1 粒鱼油胶囊[180 EPA（二十碳五烯酸）/120 DHA（二十二碳六烯酸）]。

益生菌粉

爱犬在进行抗生素治疗的同时，摄食益生菌粉有很多好处。益生菌能补充肠道中受到破坏的菌群。此外，益生菌对防止酵母菌感染也有积极作用。

抗氧化剂

维生素 C 和维生素 E 能辅助免疫系统，高剂量维生素 C 可作为抗组胺剂。

金缕梅和芦荟

将金缕梅和芦荟按照 3∶1 的比例混合，涂在皮肤瘙痒处。金缕梅能暂时止痒、杀灭细菌，芦荟能镇静皮肤、加速皮肤愈合。

燕麦香波

如果犬对环境过敏，定期洗澡除去皮肤上的过敏原很重要。燕麦香波具有干燥作用，含有草药和其他天然成分，在为爱犬浸浴后能发挥舒缓和治愈爱犬皮肤的功效。最后用白醋水（白醋和水按 1∶1 混合）给犬冲洗，能够杀灭酵母菌，去除香波残留。在疾病得到控制前，为爱犬每周洗澡很有必要。

第32章　关节病的膳食护理

犬主对于爱犬饱受关节疾病带来的疼痛常常是感同身受的。如果犬患关节疾病，不仅行动受限，而且会感到极度不适。关节炎和关节疼痛会使犬精疲力尽，犬主可以采取一些力所能及的方法来缓解关节炎导致的疼痛，帮助爱犬恢复行动能力。选择正确的辅食和营养补充剂能够缓解炎症带来的疼痛。

炎症是机体对包括关节炎、受伤、过敏、消化道疾病等各种问题的反应，是机体尝试自我修复、隔离病灶的反应。不管炎症是由十字韧带撕裂导致，还是过度运动导致的肌肉损失和酸痛引起，都会造成犬的疼痛和不适。

罗威纳犬托米的故事

笔者的罗威纳犬托米（Tommy）在几年前出现肘部和髋关节发育不良。疼痛使它步履蹒跚，就像一条风残烛年的老年犬。祸不单行，不久它又被诊断出患有癌症。

为了给它提供最好的治疗，笔者开始研究营养如何影响犬的癌症。在与笔者同住之前，托米主要摄食干粮和少许新鲜的食材。当它从宠物医院回来后，笔者立即开始饲喂100%的新鲜辅食，减少碳水化合物的摄入，同时增加了动物脂肪和蛋白质的摄取。几周内它的身体状况就出现了明显的改善，可以同其他犬一起奔跑和玩耍。

笔者通过节食来辅助其癌症治疗，而且节食确实发挥了作用。节食让它有了更强的体魄接受化疗。最惊人的是，改变辅食让它的行动能力和精力有了天翻地覆的变化。

治　　疗

治疗疼痛的处方药有两种：非甾体抗炎药（NSAID）和类固醇。常见的非甾体抗炎药有力莫敌、美洛昔康和地拉考昔，常见的类固醇药有强的松。这两种止痛药都有严重的副作用，绝对不能同时使用。非甾体抗炎药会损害胃、肝脏和肾脏。类固醇药会增加口渴，影响肝肾功能，增加胰腺炎的发生率，影响犬的行为。

考虑到药物的副作用，寻找替代解决方案来缓解炎症是非常有意义的。如果宠物医生开具了非甾体抗炎药或类固醇药，犬主就需要研究这些药物的副作用，或者咨询宠物医生该类药物的使用风险。可访问 www.vetinfo.com/side-effects-pet-medicines.html 阅读更多有关非甾体抗炎药和类固醇副作用的信息。

如果爱犬患上关节炎或其他炎症疾病，在不得不使用以上药物之前，犬主可以在家里做以下尝试：

- 膳食
- 天然抗炎药补充剂
- 运动

除了定期体检外，采用健康的喂养方式，每天喂食天然的消炎补充剂，给爱犬制订长期有规律的运动计划，都有助于抑制炎症，保持爱犬关节的良好状态。

膳食

引起犬炎症的主要因素是碳水化合物的摄取。这类碳水化合物包括谷物、淀粉、水果和某些蔬菜，这些食材可以转化成糖。犬是食肉动物，需要动物的肌肉和脂肪来保持健康。犬需要动物蛋白中的某些重要氨基酸来保护心脏、肝脏和肾脏，维持结缔组织的良好结构。植物蛋白不含这些氨基酸。

如前文所述，犬对碳水化合物没有营养需求，但需要碳水化合物中的纤维使粪便成形。生食、生鲜肉骨头含有所需的纤维素，因此无须在这样的自配辅食中添加碳水化合物。

为了对抗炎症，最好的膳食方案有两种：①无糖生食；②含有 75%动物蛋白和脂肪、搭配 25%低升糖指数蔬菜的家庭自制辅食。这两种方案能对抗炎症和疼痛，对饱受皮肤瘙痒、红肿和毛发脱落等问题困扰的犬也大有好处。

由于鲜食未经加工，给犬喂食 100%的鲜食能够提供更多营养，而且可以自由地选择食材，避免加入可引起炎症的食物。

除了避免饲喂谷物、淀粉、水果和高升糖指数的蔬菜外，番茄、辣椒、土豆和茄子等茄科蔬菜也要避免饲喂，因为茄属蔬菜和谷物一样，有加重炎症的作用。

当发现托米食用生鲜食的效果很好以后，笔者把所有犬全部转变为生鲜食喂养。喂养过程中去除了所有的谷物，只喂动物蛋白和低糖辅食。尽管低糖辅食有时并不能终止关节疼痛、关节炎及其发展成的其他关节疾病，但低糖辅食能够减少炎症，使犬具有更强的行动能力，从而显著改善犬的生活质量。

给犬喂食难以消化的、富含淀粉的食材和谷物，会造成犬的能量缺乏。这类食物会进一步加剧关节疼痛。因此，犬主需要限制膳食中谷物、水果和蔬菜的饲喂量。

患关节病犬的食谱

阅读了《癌症的膳食护理》的读者，会发现患关节病犬与患癌犬需要的膳食非常相似，需要的营养成分都是低糖、高脂肪和高蛋白。生食和熟制的自配辅食均可以。

早餐要喂养各种高脂肪和高蛋白辅食，犬主可以按照表 32.1 选择各种肉类来搭配，晚餐饲喂生鲜肉骨头即可。

表 32.1　患关节病犬的推荐生食

早餐	晚餐
牛肉、羔羊肉、猪肉、山羊肉等经绞肉机绞碎的哺乳动物肌肉 鲭鱼、鲑鱼或沙丁鱼罐头 （选择用水而不是用油封装的，不要选金枪鱼，因为没有鱼骨，而且可能含有高剂量的汞） 鸡蛋 全脂酸奶和茅屋奶酪 少量的内脏肉，如肾和肝 心脏 蔬菜（如西蓝花、深绿叶菜、卷心菜、深绿皮西葫芦、黄皮曲颈西葫芦、小白菜），需要熟制后绞碎成菜泥	鸡颈肉、鸡翅、鸡背和鸡架 火鸡颈肉 牛颈肉、牛肋骨 猪颈肉、上五花肉、猪腿肉和猪尾 羔羊肋骨 兔肉

每天大概饲喂的食物量如下：

45.36kg 的犬：每日 907～1361g；或两餐，每餐 454～680g

34.02kg 的犬：每日 680～907g；或两餐，每餐 340～510g

22.68kg 的犬：每日 454～680g；或两餐，每餐 227～340g

11.34kg 的犬：每日 227～340g；或两餐，每餐 113～170g

患关节病犬的食谱

下面食谱中，食物总重量为 907g，足够体重 22.68kg 的犬一天的摄食量，建议将食谱的辅食分成两餐来饲喂。

食谱一

226g 正常的绞碎牛肉

113g 牛肝或牛肾（以少量黄油煎）

113g 蒸熟或煮熟的西兰花

113g 熟黄皮曲颈西葫芦

113g 全脂酸奶

肉生食或者稍微熟制后饲喂都可以，把肉和完全熟制的蔬菜充分混匀，待冷却后再加入酸奶，混匀后饲喂。

1400mg 钙

按照每 4.54～9.07kg 体重的犬补充 1000mg EPA（二十碳五烯酸）鱼油或三文鱼油的剂量饲喂。

5g（1 茶匙）Berte 绿色复合补充剂

按照每 11.34kg 体重的犬补充 500mg 维生素 C 的剂量饲喂

按照每 4.54kg 体重的犬补充 100IU 维生素 E 的剂量饲喂

食谱二

226g 绞碎的白羽鸡肉

113g 鸡肝（以少量黄油煎）

2 个鸡蛋，生食、炒或小火煮均可

113g 蒸熟或煮熟的菠菜

113g 煮熟的卷心菜

57mg 茅屋奶酪

肉生食或者稍微熟制后饲喂都可以。把肉、鸡蛋和完全熟制的蔬菜充分混匀，待冷却后再加入茅屋奶酪，混匀后饲喂。

1400mg 钙

按照每 4.54～9.07kg 体重的犬补充 1000mg EPA（二十碳五烯酸）鱼油或三文鱼油的剂量饲喂。

5g（1 茶匙）Berte 绿色辅食配方补充剂

按照每 11.34kg 体重的犬补充 500mg 维生素 C 的剂量饲喂

按照每 4.54kg 体重的犬补充 100IU 维生素 E 的剂量饲喂

食谱三

226g 绞碎猪肉

113g 牛肝或猪肝（以少量黄油煎）

113g 蒸熟或煮熟的小白菜或大白菜

113g 煮熟的深绿皮西葫芦

57mL 全脂酸奶

肉生食或者稍微熟制后饲喂都可以，把肉和完全熟制的蔬菜充分混匀，待冷却后再加入酸奶，混匀后饲喂。

1400mg 钙

按照每 4.54～9.07kg 体重的犬补充 1000mg EPA（二十碳五烯酸）鱼油或三文

鱼油的剂量饲喂。

5g（1 茶匙）Berte 绿色复合补充剂

按照每 11.34kg 体重的犬补充 500mg 维生素 C 的剂量饲喂

按照每 4.54kg 体重的犬补充 100IU 维生素 E 的剂量饲喂

食谱四

226g 鲭鱼或三文鱼罐头

2 个鸡蛋，生食、炒或小火煮均可

113g 蒸熟或煮熟的西兰花

113g 煮熟的甘蓝或其他深绿叶菜

113g 茅屋奶酪

将蔬菜完全熟制并捣碎成泥后与鸡蛋、鱼罐头、茅屋奶酪充分混合。因为食谱里的鲭鱼、鲑鱼或沙丁鱼含有软的、蒸过的骨头，因此食谱四中不需要额外补充钙。

按照每 4.54～9.07kg 体重的犬补充 1000mg EPA（二十碳五烯酸）鱼油或三文鱼油的剂量饲喂。

5g（1 茶匙）Berte 绿色复合补充剂

按照每 11.34kg 体重的犬补充 500mg 维生素 C 的剂量饲喂

按照每 4.54kg 体重的犬补充 100IU 维生素 E 的剂量饲喂

营养补充剂

使用正确的营养补充剂可以减少炎症，极大地缓解患关节疾病犬的疼痛和不适。

欧米迦 3 鱼油

鱼油中的 EPA 和 DHA（欧米迦 3 脂肪酸）能帮助抵消大多数食物中过量欧米迦 6 脂肪酸带来的不良反应。如果膳食中有过多的欧米迦 6 脂肪酸而欧米迦 3 脂肪酸不足，丰富的欧米迦 6 脂肪酸会导致炎症。富含欧米迦 3 脂肪酸的鱼油对免疫系统、心脏、肝脏、肾脏、皮肤和毛发都有好处。建议按照每 4.54～9.07kg 体重的犬补充 1 粒 EPA（二十碳五烯酸）鱼油或三文鱼油胶囊[1000mg，180 EPA（二十碳五烯酸）/120 DHA（二十二碳六烯酸）]的剂量饲喂。

菠萝蛋白酶和槲皮素

菠萝蛋白酶是一种由菠萝提取制成的酶，能有效减少炎症，配合槲皮素使用有助于减少过敏反应。两者一起使用，可以叠加各自的抗炎作用。此外，菠萝蛋白酶能帮助槲皮素在血液中的吸收。这两种补充剂的用量分别是：大型犬每天300mg，中型犬每天150mg，小型犬每天75mg，玩具犬每天25mg，可分一次或两次饲喂爱犬。

维生素C与生物类黄酮

高剂量维生素C和生物类黄酮可以减轻疼痛，帮助胶原蛋白重建和修复。最好按照每4.54kg体重的犬补充100mg的低剂量开始饲喂，用量以周为单位逐渐增加，直到犬肠道的最大耐受量。一旦犬开始排泄软便，就把剂量降回到上次的剂量。这种补充剂还能缓解过敏症。

维生素E

维生素E是抗氧化剂，高剂量维生素E能增强免疫系统和血管系统，推荐按照每天每4.54～9.07kg体重的犬补充100IU维生素E的剂量饲喂。

左旋谷氨酰胺

很多因疼痛而无法运动的犬会出现肌肉萎缩，左旋谷氨酰胺能减缓肌肉萎缩。推荐按照每天每11.34kg体重的犬补充500mg谷氨酰胺的剂量饲喂谷氨酰胺。

葡萄糖胺、软骨素和锰

葡萄糖胺可以缓解疼痛和不适，软骨素能帮助软骨重建和修复。锰是一种温和的肌肉松弛剂，能帮助葡萄糖胺和软骨素到达关节受损的具体部位。

丝兰汁

丝兰是一种有效的抗炎草药，最好使用酊剂。丝兰中含有的皂苷是类固醇的前体，具有抗炎作用，同时没有类固醇的副作用。

犬主需要牢记丝兰汁应与辅食一起饲喂，而不能与非甾体抗炎药或类固醇同时使用。推荐按照每天每4.54kg体重的犬补充一滴丝兰汁的剂量来为爱犬施用，每天两次和辅食一起饲喂。

柳树皮汁

柳树皮是阿司匹林的天然来源，对胃的作用比阿司匹林成药更理想。犬主需要牢记，柳树皮汁仅在必要时随辅食一起饲喂；如果犬已经服用了非甾体抗炎药，就不要再喂柳树皮汁和丝兰汁。它们的成分相似，同时饲喂可能导致安全问题。

酶

有的酶助消化，有的酶助抗炎，这两类酶对患有关节疾病的犬都有帮助。疼痛、应激与犬的营养吸收相互影响。酶能帮助身体吸收营养物质，菠萝蛋白酶和木瓜蛋白酶就是有帮助作用的酶。

运动

运动对于维持犬关节灵活、肌肉健美和心血管系统健康发挥非常重要的作用。老年犬和患关节炎的犬应选择低强度运动，对于老年犬的运动量来说，每天短暂散步就可以满足。游泳也非常适合患有关节炎，或处于肌肉或十字韧带恢复期的犬。最重要的是，运动计划的强度要适宜。

除了膳食、营养补充剂和良好的运动计划外，一定要使用柔软的垫子来减轻犬关节的压力。如果犬处于手术后的恢复期，犬主可以对受伤部位进行热敷来增加爱犬的舒适度。犬主还可以把盐或米放进棉袜制成加热垫，用微波炉加热至温暖即可使用，但需要注意，切勿加热到炙热的温度以免造成犬皮肤的热损伤。最后要注意的一点是，季节变化会引起关节僵硬，这一点对老年犬尤其严重。在寒冷的天气里，犬主要确保爱犬能够有宽敞而保暖的生活空间。

第 33 章　尿路疾病的膳食护理

诊　　断

这一章将会讨论几种不同类型的尿路疾病、这些疾病的主要症状和常见的治疗方法，以及如何为治疗这些犬病提供相应的处方粮。尿路疾病通常造成犬巨大的痛苦。对宠物医生来说，犬尿路疾病可能非常顽固，难以治愈。如果怀疑犬患有尿路疾病，需要携犬前往宠物医院就诊检查，尽早得到准确的诊断。

症状

如果注意到爱犬表现出表 33.1 所列举的任何症状，需要迅速携犬前往宠物医院进行全面检查和诊断。

表 33.1　膀胱疾病的症状

膀胱疾病	症状
尿路感染	频尿 滴尿 血尿 经常蹲下或排尿困难 尿液具有强烈的异味 尿失禁 口渴
尿路结晶 （鸟粪石和草酸钙）	排尿困难 滴尿 血尿 食欲下降 精神沉郁 偶发呕吐
结石	血尿 排尿困难 频繁少量排尿 犬尿液中能见到沙砾状物质
失禁	漏尿：数滴或全部膀胱的内容物

如果犬患有尿路疾病，得到准确的诊断是非常重要的。宠物医生需要确定这些症状所揭示的是常见的尿路感染，还是膀胱结石、肾脏疾病、糖尿病、库欣综合征等其他严重的疾病。

尿路疾病的类型和治疗

宠物医生一拿到确切的诊断报告，就会知道如何制定相应尿路疾病的治疗方案。下文将会详细介绍一些不同的尿路疾病症状及治疗方法。

尿路感染

尿路感染可以发生在尿路的任何部位，但是最常见于膀胱。尿路感染在母犬中比公犬更常见。除此之外，如果幼犬与老年犬无法喝到净水，并且没有机会经常排尿，也很容易受到感染，这是因为憋尿的情况下为细菌创造了理想的生长环境。即使犬尿路感染相当普遍，但检测的难度很大，而治愈的难度更大。

如果犬被诊断为尿路感染，宠物医生通常会进行血常规检查与尿液分析。尿液分析可检查犬的尿液浓缩能力，以及尿液中是否含有血液、蛋白质或者细菌。如果尿液中含有细菌，最好让宠物医生进行无菌尿液培养。在这个检测中，尿液样本直接以无菌的方式从膀胱中取出，之后被送到实验室进行培养。通过培养结果可以得知尿液中存在的细菌种类，这样可以令宠物医生选择正确的抗生素以消除引起感染的细菌。犬主需要遵医嘱，使用抗生素并完成整个治疗周期。抗生素治疗停药 10 天后，需要携犬前往宠物医院再做一次无菌尿液培养，以确保细菌已经完全消除。即使犬可能不会表现出任何症状，这一步也是非常重要的，犬的尿路感染非常顽固，而且细菌极难被清除。

给犬提供洁净的饮水，并且提供有足够的排尿机会，在日常膳食中提供富含水分的食材，这些都可以防止细菌滋生。如果尿路已经发生感染，这些做法还可以帮助清除泌尿系统中的细菌。

尿路结晶

积聚在尿路中的矿物质沉淀和细菌会形成结晶。结晶可以有多种不同的形状和大小。最近的研究显示，在接受检测的健康犬中，几乎有一半的犬在它们的尿路中会检测出极少部分的结晶。爱犬在整个生命周期中患上尿道结晶的概率是客观存在的。许多犬的尿液中含有结晶，但犬仍会保持健康状态，不显示相应的症状。如果犬主能观察到一些症状，并且怀疑犬可能发生了尿路感染或者尿路结晶，需要携犬前往宠物医院做一个完整的检查、尿液分析和无菌尿液培养。这些检查非常重要，如果不对尿路结晶进行相应的治疗，这些结晶可能会对泌尿道造成阻塞，甚至危及生命。在一些严重的病例中，结晶会不断生长直到充满整个膀胱。如果出现这种情况，就必须通过手术将结晶取出。如果能及早诊断出疾病，在很多情况下尿路感染和结晶都可以通过抗生素来有效治疗。

两种最常见的结晶种类为鸟粪石和草酸盐。这些结晶都会造成体内的酸碱平衡发生紊乱。因此，检查尿液 pH 是确定尿路中存在的结晶种类的最佳方法。鸟粪石结晶存在于 pH 偏碱性的环境中，而草酸盐结晶存在于酸性环境中。检测尿液中 pH 测试所需的工具在许多保健品店或者药房有售。

鸟粪石

鸟粪石结晶在患有尿路感染的犬中非常常见，更常见于易患尿路感染的母犬、幼犬及老年犬。鸟粪石结晶时常伴随产生高 pH 以及碱性环境的细菌感染。如果不进行相应的治疗，这些细菌又为鸟粪石结晶向尿路结石的转化提供了理想的环境。

当犬疑似患有鸟粪石结晶时，首先需要携犬前往宠物医院进行准确的诊断，然后治疗导致鸟粪石结晶形成和尿路感染的细菌。

通过尿液分析可以检测出这些结晶。犬主应当要求宠物医生进行无菌尿液培养，确定确切的细菌种类，以便宠物医生使用合适的抗生素进行治疗。抗生素的疗程通常为 1 个月左右。抗生素治疗 10 天后，再进行一次无菌尿液培养，以确定结晶和细菌是否已经完全清除。即使犬可能没有表现出任何症状，这种类型的疾病也会持续存在并且很难完全解决。一旦治疗之后，也要留意复发的可能。

如果犬确诊患有鸟粪石结石，要严格遵循宠物医生的所有医嘱，并且要按时服用所有的药物。除此之外，可以为犬添加抗坏血酸（一种维生素 C），提供蒸馏水饮用以防止结石的形成。然而，尚未发现这样的治疗对于胱氨酸尿石症有效。

为爱犬饲喂肉类和乳制品等酸性食物是保持尿液酸碱度平衡最简单的方法，这类食物见表 33.2。碱性食物包括水果和蔬菜。犬在自然界中的任何猎食其实都是酸性食物。

表 33.2　酸性食物

鸡肉	鱼	米（糙米和精白米）
牛肉	猪肉	豆类
蛋	茅屋奶酪	坚果
酸奶	所有水产品	

犬主需要认识到尿液中碱性 pH 和鸟粪石结晶通常是由细菌感染引起的，而不是由碱性食物引起的。可以通过喂食酸性更强的食物来提高尿液的酸性，这有助于犬避免细菌感染和结晶形成。当犬已经感染细菌，并在尿路中形成结晶时，仅通过调整犬粮配方无法治疗感染并清除结晶，而必须进行抗生素的治疗。因此，如果爱犬疑似患有尿路感染或者尿路结晶，也需要联系宠物医生寻求对症的治疗。

尿液 pH 测试方法

因为尿液的 pH 在 24h 内变化很大，确定尿液 pH 的最准确方式是测试当天第一份尿液的样本。

草酸钙

草酸钙结晶是第二类很常见的尿路结晶，通常见于 5 龄以上的公犬。草酸钙结晶在某些品种的犬中更加常见，因此被认为具有遗传性。这些易患尿路草酸钙结晶的常见品种包括迷你雪纳瑞犬、迷你贵宾犬、约克夏犬、比熊犬、拉萨阿普索犬和西施犬[82]。

草酸钙结晶是导致尿路感染的一类矿物质沉淀物。尿液呈酸性和血液钙含量高的犬，尿路中形成此类结晶的风险很高。当草酸钙结晶形成之后，如果无法通过尿液排出体外，就会进一步形成结石。结石有阻塞泌尿道的风险，会造成更加严重的后果。

如果犬尿路可能已形成草酸钙结晶，则应注意避免使用类固醇类药物，这是因为类固醇类药物会促进草酸钙结晶的形成。另一种需要避免使用的药物是呋塞米（furosemide），这是一种利尿剂，又称速尿（Lasix）。患有库欣综合征的犬也有可能形成草酸钙结石，因为库欣综合征会导致皮质醇生成增加，由此导致钙排泄增加。

草酸钙是由细菌产生和形成的，改变膳食结构并不会对其结晶产生影响，但对于易产生草酸钙结晶的犬而言，膳食结构的调整能够带来积极的影响。虽然需要抗生素治疗，有时需要手术才能清除结石，但膳食结构的改变以及其他补充剂的使用可以防止结石的继续增大。

含有草酸盐的主要食物是谷物和蔬菜。成品粮的谷物含量较高，如果为爱犬提供生食或者自制辅食，就可以完全掌握犬的食物成分和质量。

推荐饲喂的食材包括肉类，如绞碎的牛肉、绞碎的牛心、绞碎的鸡肉、鸡心、绞碎的火鸡肉、火鸡心、绞碎的猪肉和猪心、羊肉、烤白鲑鱼，以及少量全脂（非大豆）酸奶。犬主需要保证肉类和蔬菜食材选择的多样化，并确保犬能摄取到更多的营养素。也可以为爱犬饲喂草酸盐含量低的其他食材，包括甘蓝、花椰菜、精白米和罐装南瓜。避免饲喂大麦、玉米、糙米、小麦、大豆、绝大多数豆类、马铃薯、红薯、菠菜和坚果等食物。在下面的网站上，可以找到一个更齐全的食材图表，上面列出了多种食材中的草酸盐含量：www.ohf.org/docs/OxalateContent092003.pdf.

对于容易形成尿路草酸盐结晶的犬来说，钙是另一个影响因素。钙本身是否会造成这个问题尚无定论；然而有研究表明，尿液中的钙排泄物是形成结晶和结石的重要原因，因此建议犬主避免饲喂含钙量过高的膳食。

膳食中如果含有75%的动物蛋白，以及25%的低草酸盐蔬菜、蛋和少量乳制品，对于易患草酸盐结晶和结石的犬种有益。需要在自制辅食中按照每454g食物添加900mg钙的剂量为爱犬补充钙质。由于维生素D会促进体内钙的更新，因此需要使用不含维生素D的碳酸钙补充剂。

鸟粪石和草酸钙结晶与结石的预防，需要全天供应新鲜的饮水以及富含水分的食物。犬主可以通过牛肉和鸡汤来为辅食添加额外的水分。这样的膳食和饮水可以增加排尿的次数，有助于结晶排出体外，并防止结晶和结石的形成。

通常认为B族维生素有助于防止结晶的形成。来自于鱼油的欧米迦3脂肪酸能够发挥滋养和保护肾脏的功能。在犬的膳食中，添加这两种物质有助于避免结晶的形成。

具有草酸钙结晶和结石的犬膳食护理食谱

下面食谱中提供体重22.68kg的犬一天的摄食量，建议将食谱的辅食分成两餐来饲喂。

食谱一

340g熟制的绞碎牛肉
2个鸡蛋，轻炒或大火煮熟
227g花椰菜（蒸熟后捣成泥）
30mL（2标准汤匙）全脂酸奶
把肉、鸡蛋和完全熟制的蔬菜充分混匀，待冷却后再加入酸奶，混匀后饲喂。

食谱二

340g熟鸡胸肉
113g鸡心
113g精白米
30g茅屋奶酪
将鸡肉、鸡心和精白米充分混匀，待冷却后再加入茅屋奶酪，混匀后饲喂。

尿酸结石和嘌呤代谢疾病

尿酸结石与嘌呤代谢是另一类遗传疾病，因机体代谢障碍使得尿酸（尿酸盐）形成结石。当犬疑似患有此类疾病时，需要咨询宠物医生，寻求专业的医学检查和指导。

达尔马提亚犬（斑点犬）具有独特的肝脏和肾脏生理，尤其容易形成尿酸结石。导致达尔马提亚犬易于形成结石的一些基因可能也存在于英国斗牛犬中，尽管它们形成结石的难易程度存在差异。尿酸结石也会在先天性肝门脉分流的犬体内形成。

达尔马提亚犬在尿酸结石形成机制上的独特之处在于其无法将尿酸转化为尿囊素。达尔马提亚犬的肝脏细胞根本无法吸收尿酸，而肝脏正是将尿酸转化为尿囊素的器官。因此，达尔马提亚犬无法进行尿囊素的转化，而必须通过尿液将尿酸排出。缺失将尿酸转化为尿囊素的能力是导致尿酸结石形成的主要诱因，这也解释了为什么 80%的膀胱尿酸结石病例都是发生在达尔马提亚犬身上。其余 20%的病例来源于其他品种，即具有与达尔马提亚犬相同基因（与结石形成有关基因）的犬以及肝功能受到损伤的犬[83]。

患有尿酸结石病的犬在日常膳食中应当避免食用嘌呤含量高的食物。

下面列举了嘌呤含量高的食物：

- 红肉：牛肉、羊肉、猪肉
- 野生动物：鹿肉、麋鹿和野牛肉（嘌呤含量非常高）
- 内脏肉：肝脏和肾脏
- 鱼类以及沙丁鱼的油浸罐头
- 啤酒酵母

嘌呤含量最低的动物源性食物为鸡蛋和乳制品。低嘌呤膳食可保证犬的健康，也可提供足量的动物蛋白。美国达尔马提亚犬俱乐部（Dalmatian Club）有许多关于嘌呤的信息，并且在他们的网站上提供了大量的这类信息：www.thedca.org/purines.html.

大部分蔬菜和谷物的嘌呤含量比较低。然而犬是食肉动物，饲喂高碳水化合物的食物对其健康有损害，因此，饲喂患有尿酸结石病的犬是一个很大的挑战。大多数针对患有嘌呤结晶和结石的犬处方粮主要由碳水化合物组成，多为没有经过充分有效测试的植物源食材。碳水化合物中也含有嘌呤，但其中的嘌呤只有 30%被机体吸收。

解决尿酸结石这个问题最好的方法就是饲喂嘌呤含量最低的动物蛋白，包括鸡蛋与乳制品，全脂酸奶与茅屋奶酪也是不错的选择。这类食材中的嘌呤含量并不比碳水化合物多，甚至在大多数情况下比碳水化合物更少。对于患有尿酸结石的犬，需要避免饲喂燕麦、麸皮、麦麸和小扁豆。

需要根据爱犬患有嘌呤疾病的程度来调整膳食。如果犬已经患上了严重的肝门脉分流，可能需要更加谨慎地饲喂全部由低嘌呤食材构成的辅食。对于嘌呤疾病较轻的犬，如那些具有遗传性嘌呤疾病或者肝门脉分流较轻的犬，膳食中多一些嘌呤是可以接受的，例如，喂食鸡肉、火鸡肉和不超过 25%的低嘌呤蔬菜。只要嘌呤疾病影响在中等程度，犬仍旧可以饲喂 75%的蛋白质和 25%的碳水化合物。

一个好的膳食食谱应该含有：50%纯酸奶、茅屋奶酪和鸡蛋组分，25%的鸡肉或火鸡肉的组分，25%的土豆、米饭、笋瓜和深绿皮西葫芦组分。嘌呤疾病更严重的犬可能无法消化大量的鸡肉和火鸡肉，因此，如果是这样的病例，可能需要更高比例（30%～50%）的米饭和淀粉类食物。

当犬患有嘌呤结晶或结石疾病时，最重要的是持续监测犬的尿液和 pH。这不仅可以帮助评估犬的日常膳食的合理性，还可以预判犬是否有尿路结晶或结石的形成。含优质蛋白与低嘌呤的膳食能有效防止结晶与结石的形成，还能为犬提供充分的营养。

胱氨酸结晶与结石

胱氨酸尿是一种由肾脏缺陷引起的遗传性疾病。因为结石会阻塞泌尿道，它们需要进行手术摘除。当胱氨酸结石形成时，需要立即就医。酸性尿是此疾病的一种指征，但是治疗方法和辅助膳食还处于研究阶段。想要了解更多的信息，可以访问克丽斯汀·凯斯（Christie Keith）的网站：www.caninecystinuria.com/Treatment.html.

尿失禁

无论公犬还是母犬都会发生尿失禁。尿失禁表现可以轻微到不自主地排出几滴尿液，也可以严重到不自主地排空整个膀胱的尿液。尿失禁可以发生在幼犬时期、犬老龄时期，也可以发生在这两者之间的任何一个时期。尿失禁的病因多种多样。某些疾病、药物甚至基因都有可能造成尿失禁。

当第一次发现犬有尿失禁症状时，需要携带爱犬前往宠物医院进行检查。检查内容包括血液检查、尿液检查和无菌尿液培养。血液检查可以提供一些尿失禁病因的线索，包括：

- 肾脏疾病（肾损伤会引起大量饮水）
- 肝脏疾病（可能会导致失禁）
- 糖尿病（饮水增加会导致尿失禁）
- 库欣综合征（损害肾脏，导致饮水增加）
- 白细胞计数增加（表示受到感染）

尿液检查分析尿液浓度与尿液 pH，可以确定是否有细菌感染，细菌感染也会导致尿失禁。当犬患有尿失禁时，也需要做无菌尿液培养以排除尿路感染的病因。

造成犬失禁的病因在一些病例中需要花很长时间去探究。对于这样的病例，宠物医生可能会开一些处方药来控制排尿。其中一种药物就是己烯雌酚（DES），这是一种雌激素。但是这种药物并不是一定有效，且容易造成一系列的副作用。

动物医学博士芭芭拉·福内（Barbara Forney）发表的一篇文章提及"雌激素治疗最严重的副作用为骨髓抑制与毒性作用。其他副作用包括促进发情、嗜睡、腹泻、呕吐、子宫分泌物异常、子宫蓄脓、多饮多尿和造成公犬雄激素不足。这些副作用在老年犬中更容易发生。由于雌激素的潜在毒性作用，在治疗时应该力求在最短的有效疗程使用最低的有效剂量。"[84]

另一种更为常见的处方药是苯丙醇胺（Proin）。在医学上，这种因其副作用危害大而被下架的药物也叫右旋糖酐（dexatrim）。它是一种血管收缩药和兴奋剂。苯丙醇胺可以用来增强尿道肌肉，但其副作用非常危险。

温迪·C.布鲁克斯（Wendy C. Brooks）是动物医学博士，担任美国兽医从业人员委员会（American Board of Veterinary Proactitioners，ABVP）诊断干预专家和 Veterinarypartner.com 网站的教育总监。她曾这样介绍苯丙醇胺的副作用，"苯丙醇胺诱导生理学上所谓的'战斗或逃跑反应'，这意味着使用苯丙醇胺后可能观察到心率加快、血压升高、焦躁不安、食欲丧失或减退等副作用。对人的副作用表现为易怒和焦躁。因此有理由推测，这种药物也会对宠物产生类似的副作用。"[85]

如果犬患有青光眼、甲状腺功能亢进、糖尿病、心脏病或者高血压，应避免使用苯丙醇胺[86]；同样也不能给怀孕犬使用苯丙醇胺。

膳食

犬主可以通过调整膳食结构来治疗犬失禁。虽然没有科学证据解释犬粮中排除掉谷物和淀粉能降低犬尿失禁的发生，但这样的膳食调整确实是有效果的。因此，不要在有尿失禁现象的犬的膳食中添加谷物和淀粉。这类谷物包括小麦、玉米、大米、大麦、苋菜、荞麦和燕麦。淀粉类食物包括马铃薯、红薯、胡萝卜、豌豆、大豆和扁豆。这个理念在许多年前由 Aunt Jeni 生鲜犬粮公司的董事长杰尼·伯尼菲斯（Jeni Boniface）最早提出。虽然我们尚不清楚背后的科学机理，但是一次次的实践证明膳食调整在改善尿失禁上发挥着正面的作用。这意味着犬主需要改变患有尿失禁的犬的膳食，而采用饲喂生食配方或者熟制的自配辅食配方中需要含有 75%动物源性蛋白和 25%低升糖指数蔬菜。

营养补充剂

保护犬膀胱和尿道的营养补充剂有很多种类。

复合 B 族维生素

给犬喂食复合维生素 B 有助于防范尿路感染并保持肾脏健康。大型犬服用全剂量，中型犬服用半剂量，小型犬服用 1/4 剂量。

抗坏血酸/维生素 C

高剂量抗坏血酸（一种维生素 C）的摄入，有助于溶解结石。

蔓越莓汁胶囊

当宠物医生确认犬的尿路感染已经治愈后，需要每天给病愈犬喂食一粒蔓越莓汁胶囊，用于防止细菌黏附于膀胱壁。需要提醒犬主的是，蔓越莓汁胶囊无法治愈感染，唯一可以治疗尿路感染的方法就是使用抗生素。因此，需要等到尿路感染已经治愈后再使用这类营养补充剂。

抗氧化剂

维生素 C 和维生素 E 这类抗氧化剂可以显著提高犬的免疫力。

欧米迦 3 脂肪酸-EPA（二十碳五烯酸）鱼油

欧米迦 3 脂肪酸可以保护肾脏、心脏和肝脏，提高机体免疫能力，减少炎症。

辅酶 Q_{10}

辅酶 Q_{10} 是一种很好的营养品，对于肾结石的预防特别有利。

玉米丝

玉米丝可以作为草药酊剂使用，是治疗尿失禁的最好方法之一。它可以帮助强化尿道肌肉组织，在喂食数天后就能看到效果。HAC Kidni Kare 是一种含玉米丝的草药酊剂，可以作为液体给药，添加到犬的食物或者犬喜欢的饮品中。这个配方是安全且可以长期使用的，不产生有害的副作用。即便犬对玉米过敏，但对玉米丝过敏的概率极小。

益生菌粉

益生菌可以恢复那些被抗生素破坏的有益菌群。建议在两次抗生素治疗的间隔期使用益生菌，而不是与抗生素同时使用。在抗生素疗程结束后继续使用数周或数月的益生菌，以恢复消化道中的有益菌群平衡。

Berte 免疫营养复合补充剂

这种营养配方包含了所有对免疫系统和消化道具有重要作用的维生素、益生菌和酶，也有助于预防尿路感染。

尿路健康的注意事项

尽管宠物医生负责制定犬膀胱疾病的治疗方案，但这并不意味着犬主可以不承担对犬尿路健康的责任。无论犬刚从尿路疾病中康复，还是为了帮助犬预防此类疾病发生，请遵循以下的护理办法：

- 饮水量是预防尿路疾病最重要的因素，因此需要时刻确保犬能喝到洁净的水；
- 鼓励犬多饮水。保持肾脏和膀胱正常代谢循环是避免生成结晶和结石最简单的方法；
- 饲喂含水量较高的食物，生鲜食与熟制辅食都可以接受；
- 如果外部条件允许，不要限制犬的活动，以确保犬有足够多的排尿机会。每 4h 左右活动一次就可以，这有助于清除尿路细菌以及预防尿路结晶的形成；
- 检测水中的矿物质含量。这对于身处硬水质地区的犬非常重要。如果犬的饮用水可能存在矿物质超标的风险，使用蒸馏水是一个不错的选择，蒸馏水有助于避免生成结晶和结石；
- 如果犬因尿路疾病接受治疗，在治疗完成后再进行一次尿液无菌培养，以确保尿路疾病已经完全康复。

第34章　胃病的膳食护理

绝大多数的犬在一生中都经历过一次或多次腹泻和呕吐。腹泻和呕吐通常是短期症状，但如果这些症状长期存在，一定要及时征求宠物医生的意见。持续腹泻与呕吐会造成犬脱水，甚至营养不良。饲喂合适的食物和一些营养补充剂有助于缓解这些症状，并促进犬从胃病中尽早恢复。

症　　状

胃病的症状通常很容易发现。患有胃病的犬通常会表现出以下一种或多种症状：

- 呕吐
- 腹泻
- 食欲不振
- 暴饮暴食
- 体重下降
- 被毛皮肤异常

胃病发生后，很短时间内就会出现腹泻和呕吐症状。被毛皮肤异常等其他胃病症状则通常发生在消化道疾病发展至影响营养素吸收的阶段。是什么导致了犬的胃病呢？

胃病的病因

肠道炎症是胃病最常见的病因。犬主可以通过症状表现来大致判断肠道受到感染的部位。小肠的炎症通常表现为呕吐，大肠的炎症通常表现为稀便和腹泻。通常情况下，患病的犬会表现以上多种症状，这预示着小肠和大肠可能都受到了感染。消化道痉挛是胃病的另一个常见病因，进一步发展则引起腹痛和稀便。消化道痉挛会加重消化道炎症，影响犬从食物中吸收营养素的能力，如果不进行及时治疗，则会导致多种疾病。

有些品种的犬易患胃病，而其他品种的犬不易患胃病。这背后的原因尚未得到科学界的共识。一些研究人员认为免疫力低下是造成胃病的主要原因，而另一些研究人员则认为是由犬的自身免疫性疾病、食物过敏或者焦虑引起的胃病。当犬表现出可能与胃病相关的任何症状时，尽可能携带犬前往宠物医院进行诊断。

近些年来，犬消化道疾病变得越来越普遍。犬主聚在一起交流时，膳食与消化道疾病也成为一个热门话题。“我的犬胃肠道很敏感”，“我的犬小时候胃肠道很健康，现在却得了慢性腹泻”，犬主之间的这些对话非常耳熟能详。

如果犬的消化系统在幼年时很健康，但是随着它的长大逐渐变得容易感染一些疾病，犬主需要问一问自己以下问题：

- 犬在幼年时的主要膳食是什么？
- 它什么时候开始产生消化道疾病？
- 如何改善这种情况？
- 随着时间的流逝，犬有哪些改变？
- 宠物医生提出过什么建议？实际上尝试了哪些方法？

了解幼犬的膳食结构是非常重要的，因为早年的营养会对今后消化系统的健康产生重要的影响。虽然许多犬已经适应了成品粮，但是事实上有些成品粮对消化道有很大的刺激性。有些成品粮富含碳水化合物，体积大，纤维也比较多，这些纤维会刺激和压迫消化道。同时，这样的刺激容易使小肠产生炎症。长期喂食有些成品粮品牌容易引发慢性消化道疾病。此外，有些高温加工的成品粮中也缺少牛磺酸、左旋肉碱等很多对犬健康有益的营养素。这些氨基酸仅存在于动物源性蛋白中，对犬的内脏器官和免疫系统有益。犬必须从动物源性食材中获取生成红细胞所必需的铁元素，因此，长期腹泻和并发的消化道炎症会导致犬发生继发性贫血。

炎症的持续恶化，会弱化犬消化脂肪的能力，进一步导致粪便出现肉眼可见的黏液，以及排矢气（放屁）、呃逆（打嗝）和胃绞痛等胃病症状。在犬感受到胃痛时，它通常会采食一些草或者其他东西来缓解胃疼或者催吐。

宠物医生通常会推荐一些消化道疾病的处方粮，因为这些处方粮的脂肪含量很低，也含有更多的膳食纤维。纤维含量高的膳食可以吸收大肠内更多的水分，使得粪便状态恢复正常。胃病的症状似乎消失了，这些处方粮似乎发挥了治疗的作用，但是这些高纤维含量的膳食会持续刺激小肠从而产生炎症，因此疾病状态会一直持续下去。长此以往，犬的免疫系统就会受到影响，其他健康问题也会逐渐产生。

随着时间的推移，犬对食物的摄食欲望和兴趣都明显降低。当这种情况发生时，犬主会经常更换膳食，以期找到犬喜欢的食物。主人会开始在爱犬身边徘徊，并流露出对于爱犬进食反应的担心。犬也会对主人这样的行为作出反应，爱犬会认为饲喂是一个令彼此双方都焦虑的场景，并带给犬主极大的挫败感和不悦。犬处于这样的心理状态下，加上胃肠道的炎症和疼痛，可能越发感受不到饥饿。强行饲喂食物让爱犬感到恶心和不适，最终的结果就是完全抗拒进食。犬抗拒进食的原因并非为了故意激怒主人，或者是因为它们天性中的固执，犬抗拒进食的原因通常仅仅是因其身体上的不适。主人焦虑的表现以及强行喂食的行为可能也是造成它们抗拒进食的原因之一。

宠物医生可能也会开一些处方粮来帮助犬止吐、止泻。那些低脂、高纤维的犬粮，可能在最初有一定的效果；如果消化道慢性炎症没有改善，这些处方粮也会在几周内失效。从一种干粮换成另一种干粮的过程中也会出现同样的情况。某种干粮可能会使情况有所好转，但是几周或几个月之后，同样的症状又会重新出现。

这种情况应当怎样应对呢？最好的方式就是针对疾病的根本原因进行治疗使其康复，而不在于掩盖疾病所表现的症状。当犬的疾病症状改善时，犬主可能会感觉比较好，但这只是时间问题，犬的疾病会进一步恶化。长此以往，犬会产生其他方面的疾病，因为患有胃病的犬无法通过高效地消化食物来获得所需要的营养素。营养不良会破坏其免疫系统。犬的免疫系统是保持健康的第一道防线，一旦受到损害，就会逐渐衍生出其他疾病。这些问题包括皮肤疾病、脱毛、被毛干燥、口腔异味、耳朵产生棕色分泌物、面部或四肢皮肤瘙痒、体重减轻、连续排矢气和胃反流等。

携带患有胃病的犬前往宠物医院进行诊断治疗是非常重要的。在专业治疗之外，犬主可以通过准备易于消化的膳食和一些针对改善消化系统的保健品来帮助其尽早从疾病中康复。

诊　断

血液检查与内科检查是宠物医生最常使用的两种诊断犬病的方法，但并不能确保检测出胃病。因此，粪便检查也同样重要，可以确定有些症状是否由寄生虫引起。血液检查可以诊断出小肠细菌过度生长（SIBO）、胰脏外分泌功能不全（EPI）、出血性胃肠炎（HGE）等疾病。偶尔会用内窥镜从小肠中提取组织样本进行检测，如果这个肠组织样品显示炎症，通常说明犬患有炎症性肠病（IBD）。寄生虫感染、甲状腺功能亢进、细菌感染和肝脏疾病等一些其他疾病也会有与炎症性肠病相似的症状。因此，需要首先排除这些疾病，以确定你的犬是否患有炎症性肠病。

寄生虫

寄生虫感染是导致犬腹泻的常见病因，因此确定是否为寄生虫感染是非常重要的。导致腹泻的寄生虫有蛔虫、鞭虫、钩虫、球虫和贾第鞭毛虫等。一旦确定了寄生虫的种类，通过治疗就能消除腹泻症状。

小肠细菌过度生长（SIBO）

细菌过度生长是一种小肠肠道内细菌数增加的情况。细菌持续过度生长所引起的情况在动物医学上称为小肠细菌过度生长（SIBO），过多的细菌会破坏用于吸收营养素的肠道表面，食物中的营养素因此无法通过肠道吸收进入动物体内，最终导致营养吸收障碍[87]。

肠道细菌过度生长的病例与日俱增，此类疾病的主要症状为体重减低伴随慢性腹泻。大部分犬的食欲表现正常或提高，但是体重还是会逐渐降低。此类疾病可以通过内窥镜提取十二指肠肠液并测量其中的细菌数量来诊断；通常使用抗生素和低脂膳食来治疗。

胰腺外分泌功能不全（EPI）

胰腺外分泌功能不全表现为犬的胰腺无法分泌足够多的消化酶来消化食物，因此无论犬吃了多少食物，但都由于无法消化而导致最终死亡。此类疾病常见于德国牧羊犬，但是其他犬也会发生。诊断此类疾病需要做一些检查，治疗方法为使用酶类药物。

胰腺外分泌功能不全的症状表现为食欲增加而体重迅速降低；粪便表现为松散、体积大、严重异味、油腻感（脂肪痢）并呈现灰色；普遍能听到明显的胃肠蠕动音。

胰蛋白酶样免疫反应性检测（TLI）可以用来诊断犬是否患有胰腺外分泌功能不全。如果确诊，犬需要摄入含有胰酶、低纤维食物和易消化脂类的膳食[88]。

出血性胃肠炎（HGE）

出血性胃肠炎最显著的症状就是先前健康的犬突发血便，其他症状包括呕吐、食欲降低和精神萎靡。除了腹泻，最初出血性胃肠炎不易发生脱水，但是如果不及时治疗，犬很容易发生脱水、休克。检测红细胞压积（PCV）可以确诊此病。2～4 岁的玩具犬和微型犬最易患此疾病，但是出血性胃肠炎可以不分年龄和性别而发生在所有品种的犬身上。治疗方法包括使用抗生素和饲喂一种先前从未饲喂过的蛋白质。有些研究认为出血性胃肠炎是由食物过敏引起的。在大多数情况下，此疾病不会那么严重，可能是由于过量摄食或吃了某种食物所引起的反应[89]。

炎症性肠病（IBD）

炎症性肠病的症状是腹泻、排矢气异常和经常性呕吐。炎症性肠病确切的描述为肠道内壁产生炎症后导致未经正常消化的食糜急速通过消化道。当犬主发现爱犬腹泻、腹痛，并持续几周至几个月的体重减轻且排除了寄生虫感染、小肠细菌过度生长、胰腺外分泌功能不全和出血性胃肠炎这些疾病之后，就可怀疑炎症性肠病，应携带爱犬前往宠物医院进行诊断。

罗特维尔犬百德的故事

笔者曾豢养过一只叫百德（Bud）的罗特维尔犬。百德在 3 岁时被诊断为炎症性肠病。当它服药后精神萎靡，对乒乓球也失去了兴趣，因此笔者选择按照上文中的食谱为百德调整膳食，并在随后的一年里为它饲喂了由低纤维天然食材组成的自配辅食，同时添加了一些消化酶和助消化的保健品。这对改善百德的肠病起到了很好的作用。第二年，由于百德的病情有了改善，笔者降低了助消化保健品的剂量。

百德在改变膳食之后的 8 年中再也没有复发炎症性肠病。为了增强它的免疫力，笔者给它喂食了 Berte 免疫营养复合补充剂，其中包含抗氧化剂、消化酶、左旋谷酰胺、益生菌和鱼油胶囊，用于缓解肠道炎症，强化免疫系统。此膳食不仅对百德有效，笔者还曾经成功地使用此膳食治愈其他患有炎症性肠病的犬。最近，笔者也开发了 Berte 促消化复合补充剂，它含有左旋谷酰胺、益生菌、消化酶、*N*-乙酰氨基葡萄糖（NAG）和生姜（防止恶心）。

治　　疗

当犬患有这些胃肠道疾病时，宠物医生通常会开一些药物来缓解症状。遗憾的是，这些药物通常只能缓解症状，无法针对病因来根治这类疾病。类固醇类药物可以恢复犬的食欲，帮助缓解炎症，但是长期使用强的松和其他甾体类药物会造成很多副作用，包括尿频、腹泻、溃疡、胰腺炎、肝肾疾病、糖尿病、库欣综合征、脱毛、肌肉萎缩和其他疾病的发生。

免疫抑制药物会引起骨髓抑制、贫血、泪膜永久性丧失而导致的干眼症。

甲硝唑是一种抗生素，具有一定的抗炎作用。然而甲硝唑通过肝脏进行代谢，长期使用会导致神经系统疾病，也会严重破坏体内的正常菌群。泰乐菌素是另一种具有抗炎作用的抗生素，长期使用不仅会严重破坏消化道内的正常菌群，还会令细菌产生耐药性。

大部分宠物医生推荐用易消化的水解蛋白类处方犬粮。

犬在承受消化道损伤和炎症的同时，身体也是处在非常虚弱的状态。正确地诊断出病因对于爱犬的治疗与康复至关重要。主要的治疗方法通常是喂食药物，但这类药物会有严重的副作用，对免疫系统有很大的影响。除此之外，富含纤维素并使用低端蛋白质的处方粮，能暂时掩盖犬的消化道疾病症状，却不能治愈犬的消化道疾病。

以饲喂全营养的鲜食为主的膳食改变是治疗犬消化道疾病的首选，优于免疫抑制药物和高效抗生素。后两者会严重破坏消化道内的正常菌群，引起更严重的疾病。为了辅助治疗消化道疾病，犬需要的是富含高质量动物蛋白、脂肪以及小部分碳水化合物的自配生食或熟制的自配辅食。

犬主总是希望犬粪便正常成型、硬度适中，但是在消化道疾病的康复过程中，粪便的形态并不是最重要的指标。野犬也经常会有稀便的情况。只要犬处于消化和吸收食物的状态下，稀便并不是犬亚健康或者疾病的指征。犬偶尔腹泻也不是很严重的健康问题，不需要特别注意。犬表现出喷射状的腹泻或者持续水样腹泻超过一天就需要引起重视，这样严重的腹泻会导致犬严重脱水。治疗的目标是消除消化道的炎症，恢复消化系统的健康状态，使犬能高效利用食物中的营养素。因此，易消化的生食或熟制的自制辅食是治疗消化道疾病所需要的膳食方案。

即使犬的很多胃病可以通过合适的膳食和保健品来改善，但是有些情况下需要寻求宠物医生的诊断和药物的治疗。一旦胃病症状得到宠物医生的妥善治疗，就需要给犬饲喂易消化的生食或熟制的自制辅食来帮助犬消化系统的改善，重新建立起正常的消化过程与强大的免疫系统。

膳　　食

很多年来，对于患有胃病犬的主流膳食观点是饲喂富含纤维及碳水化合物的膳食。虽然这些高纤维膳食可以帮助改善粪便形态和减少呕吐，但是它们缺少病犬急需的、用于康复的营养素。换言之，高纤维膳食至多是一种暂时性的方法。高纤维食物在大肠中能吸收多余的水分，这可以使粪便恢复貌似正常的形态。这样的膳食会持续刺激肠道，损害免疫系统，并导致进一步的健康问题。因此，这并不是一个长期的治疗方案，一旦停用，大部分犬会复发。

无论是高端粮、低敏犬粮还是处方粮，很多成品粮都含有大量的纤维和谷物，它们往往会加重犬的消化负担，导致进一步的胀气、胃肠道痉挛和不适。

熟制的自配辅食或者自配生食是患有胃病犬的最佳选择，因为自配辅食更容易消化，通过自配辅食可以将膳食中的纤维降至机体可以接受的程度，也可以防范市面上难以消化的劣质成品粮。

患有胃病犬的最佳膳食是那些以生鲜肉骨头为主的生食，这样的生食可以使犬的粪便保持正常形态。如果正使用自配辅食来饲喂犬，可以选择一些含易消化纤维的食材，包括十字花科蔬菜、卷心菜、花椰菜等低升糖指数的蔬菜。这样的食材对犬的消化道也有益，可以每天饲喂而不存在风险。

患有胃病犬的日常膳食也需要适量的脂肪摄入，但是它们膳食中的脂肪需要易消化且未加工或者经过简单熟化。

每天大概饲喂的食物量如下：

45.36kg 的犬：每日 907～1361g；或两餐，每餐 454～680g

34.02kg 的犬：每日 680～907g；或两餐，每餐 340～510g

22.68kg 的犬：每日 454～680g；或两餐，每餐 227～340g

11.34kg 的犬：每日 227～340g；或两餐，每餐 113～170g

患胃病犬的膳食

患有胃病犬的最佳日常膳食需要包含大量的蛋白质、适当的脂肪，以及少量的碳水化合物和膳食纤维。需要从每天 4 顿开始喂食，然后在几周的时间里慢慢过渡到每天 2 顿。以下是一只 22.68kg 患有胃病犬的膳食样本，每个食谱为一天的膳食。

食谱一（将其分为 4 餐饲喂）

450g 肉类，生食或简单熟制的绞碎瘦牛肉、牛心、白鲑鱼或洗净盐分后沥干的鲭鱼或三文鱼罐头

170g 捣成泥状的蔬菜 （最好是大白菜、西兰花、西芹、深绿叶蔬菜、芥菜、白萝卜、菠菜，需要彻底熟制后捣碎）

1 个水煮蛋或炒蛋

30mL 原味酸奶

食谱二（将其分为 2 餐饲喂）

4 或 5 份冷鲜的鸡脖子（去皮），或 2 份鸡背（去皮），或 4 根鸡翅（去皮）

食谱三（将其分为 2 餐饲喂）

340g 瘦肉（如分割开的牛心、去皮火鸡肉、去皮白羽肉鸡的鸡胸肉、洗净盐分后沥干的鲭鱼或三文鱼罐头）

如果为爱犬饲喂熟制的自配辅食，在第一餐时尤其注意食材搭配的多样化，并且在大约每 454g 食物中添加 900mg 的钙。蔬菜中的膳食纤维可以帮助犬粪便保持正常形态。饲喂生食的犬可以从生鲜肉骨头中获得足够多的钙和膳食纤维，因此不需要额外添加蔬菜。建议添加的保健品包括左旋谷胺酰胺（每 9.07kg 体重 500mg 的剂量）、消化酶（胰酶和胰脂肪酶），以及可以治疗消化道疾病与发挥消炎作用的益生菌。

消化酶

患有消化道炎症的犬无法很好地消化吸收食物中的营养素，因此食物中添加消化酶变得尤其重要。消化酶还有助于消化道的康复，并防止胀气发生。

市面上不同种类的消化酶，每一种都可以帮助消化相对应的食物。菠萝蛋白酶从菠萝中提取，是一种对犬非常有效的消化酶。它是几种植物酶之一，可以很好地帮助犬消除炎症并减少肿胀。然而，帮助患消化道疾病的犬消化的最重要的酶类是动物源性酶，尤其是胰酶和胰脂肪酶。这两种酶有助于在胃中预消化脂肪，使脂肪在小肠中更易消化吸收。添加这些消化酶的最佳方式是在犬膳食中添加 Berte 消化酶补充剂或 Berte 促消化复合补充剂。想要了解更多信息，可以阅读本章的“营养补充剂”部分。

益生菌

抗生素在杀灭致病菌的同时，也能破坏肠道有益菌，因此，犬在使用抗生素治疗后，服用益生菌是帮助肠道恢复有益菌群的一个很好的方式。益生菌能清除肠道中嗜酸菌、链球菌和肠球菌等有害菌群，有助于提升犬的消化能力，强化免疫系统，同时防止胀气、痉挛和不适。有益菌也有助于对抗酵母的过度生长，维持消化道中的菌群平衡。

营养补充剂

除了生鲜食和熟制自配辅食，还有一些源自自然的营养补充剂，有助于犬胃肠道疾病的恢复。

左旋谷氨酰胺

左旋谷氨酰胺是一种可以加快消化系统康复，有助于修复肠道和肌肉组织的氨基酸。它还可以诱导大肠排出多余的水分，这对于易腹泻的犬很有帮助。

乙酰葡萄糖胺（NAG）

犬和人一样，也需要乙酰葡萄糖胺来助消化。患有胃病的犬通常难以合成足够的乙酰葡萄糖胺，这会影响消化和康复的过程。研究表明，给予患有消化道疾病的犬适量乙酰葡萄糖胺，有助于它们消化系统的正常活动，还可以加速修复受损的组织[90]。

欧米迦 3 鱼油

鱼油是自然界中最好的抗炎症物质，对于患有消化道疾病的犬同样有益。鱼油还有助于调节免疫系统，帮助机体防治炎症性肠病和其他消化道疾病。

Berte 消化酶补充剂

Berte 消化酶补充剂中有多种动物源的酶类，有助消化和抵抗炎症的作用，可以帮助犬在疾病后恢复体重。用量：小型犬每餐喂食半片，中型犬每餐喂食一片，大型犬每餐喂食两片。

Berte 促消化复合补充剂

Berte 促消化复合补充剂对所有类型的消化道疾病都有所帮助，有助于恢复犬的消化和吸收能力。用量：小型犬每餐喂食 3g，中型犬每餐喂食 6g，大型犬每餐喂食 12g。

Berte 绿色复合补充剂

Berte 绿色复合补充剂含有大量易消化的维生素 B 和矿物质，是强力提升犬免疫力的保健品。

抗氧化剂

患有炎症性肠病的犬难以吸收抗氧化剂，因此定期饲喂是很有必要的。在犬的日常膳食中需要定期补充维生素 C、生物黄酮类、维生素 E 和锌。

胃病治疗

除了以上推荐的膳食，还有两种有效的方法来治疗犬的腹泻和呕吐两种最常见的消化系统疾病症状。

腹泻的治疗

如果犬患有腹泻，试着给犬喂食一些南瓜，有助于保持正常的粪便状态：

13.61kg 以内的犬需要 2.5g（半茶匙），13.61～27.22kg 的犬需要 5g，体型更大的犬需要 10～15g。

呕吐的治疗

大白菜对治疗胃病非常有效。将大白菜水煮 15～20min，冷却喂食。按照每 4.54kg 体重补充 2mL（1 茶匙约等于 5mL）的剂量饲喂。

第 35 章　免疫性疾病的膳食护理

犬的免疫系统时刻运转，保护机体免受日常污染物的刺激以及细菌和病毒的侵袭。一旦如此重要的系统机能失常，将会产生严重的后果。因此，摄入对机体免疫系统有益的膳食，对犬的健康具有重要作用。

症　　状

当犬的免疫系统运转失常时，整个机体如同不设防的城，对所有病原都开放。犬可以能罹患各种疾病，轻如感冒，重如癌症。犬的免疫系统出现问题时，最初的症状并不严重，这些症状包括：

- 皮肤干燥，并出现脱皮
- 被毛稀疏
- 易流泪
- 过度舐舔爪子
- 红斑
- 慢性腹泻
- 过度兴奋
- 体重减轻
- 情绪波动较大

如果不进行诊断治疗，这些症状会演化成其他更严重的健康问题。

诊　　断

如果观察到犬表现出上述症状，需要携带犬前往宠物医院进行检查。虽然这些症状有可能是跳蚤、皮炎或过敏等其他疾病的指征，但大都是免疫系统疾病的表现，如果不及时治疗，会产生严重的后果。

免疫系统疾病的种类与病因

免疫系统疾病有两种主要的类型，它们分别对应不同的免疫水平。

一方面，当免疫系统受到抑制时，就会处于不活跃状态；另一方面，当免疫系统过于活跃时，它会表现过度反应，甚至开始攻击自身的组织。

通常免疫系统疾病很难确定病因。从宠物医生处得到确切的诊断是非常重要的。如果宠物医生怀疑是爱犬罹患免疫系统疾病，他们需要对犬进行尿检与血检，来确定免疫系统疾病的类型以及发展状况（表 35.1）。

表 35.1　犬常见的自身免疫性疾病

甲状腺炎	类风湿性关节炎
白癜风	糖尿病
阿狄森氏病	癫痫
库欣综合征	重症肌无力
溶血性贫血	性腺机能减退
系统性红斑狼疮（SLE）	结缔组织疾病
慢性活动性肝炎	肾小球肾炎
葡萄膜炎	脱毛
肠淋巴管扩张	甲状腺疾病亢进
血小板减少性紫癜	布克氏筋膜异常

免疫系统抑制

通常来说，免疫系统抑制将导致犬无法抵抗细菌和病毒的侵袭。有很多因素能够导致犬免疫系统机能的下降，比如：

- 疫苗（尤其在母犬发情期或怀孕期使用）
- 抗生素
- 类固醇或其他免疫系统抑制药物
- 蛋白质摄入不足
- 能量不足
- 维生素或矿物质缺乏
- 激素水平波动
- 病毒感染
- 疾病
- 糖尿病、肾衰竭、全身性红斑狼疮和肿瘤等全身性疾病
- 甲状腺功能减退

免疫系统抑制的犬更易受到病原感染和患病，它们无法保护自己免受环境中的杀虫剂、除草剂等普通物质的影响。如果不进行有效的治疗，受到抑制的免疫系统会导致犬易感一些严重的疾病，这类疾病包括癌症、钩端螺旋体病等传染性疾病、蜱媒疾病和尿路感染等。

免疫系统亢进

免疫系统亢进在很多时候被称为自体免疫性疾病。免疫系统亢进是指机体对体内正常物质产生过度反应，并产生抗体来清除这些正常物质。当免疫系统亢进时，机体会将正常物质与有害物质一起清除，例如，有些病例中，机体会清除健康正常的红细胞。

短期内，免疫系统亢进会产生一些过敏症状，如红斑、皮肤病和泪液分泌过多。如果不进行治疗，会演变为更严重的症状，如关节炎、炎症性肠病和生殖系统疾病等。

免疫系统亢进的一个严重危害是它导致产生其他自体免疫性疾病，进一步影响宠物的健康。

自体免疫性疾病

自体免疫性疾病有两个种类——先天性（遗传性）与获得性（在犬生长过程中产生的）。应激、药物反应、营养不良和化学物质感染都会导致犬患上自体免疫性疾病。

治　　疗

治疗免疫系统疾病的很多传统方法是通过抑制免疫系统来实现的。这些治疗方式可能会暂时缓解症状，但在未来可能会造成更严重的问题。暂停这样的治疗后，症状很快再次出现，甚至出现比治疗前更加恶化的情况。抗生素会无差别杀灭细菌，破坏消化道内不可或缺的有益菌，而削弱了免疫系统。

其他常规免疫系统疾病的治疗手段往往仅针对疾病产生的症状，而不是病因。成品粮、特殊功效的香波、可的松和其他类固醇药物等产品的目的都是帮犬的免疫系统恢复正常状态，但是这通常只能为爱犬带来暂时的改善。犬主接下来该如何做呢？

- 缩短犬暴露在杀虫剂、除草剂、家庭清洁剂等日常用化学物质中的时间。犬和人相比，与地面距离更近，因此更容易接触到家庭和院子里的化学污染物。
- 喂食新鲜和均衡的膳食，适当添加一些强化免疫系统的保健品。
- 如果有需要，为患有免疫疾病的犬治疗，参考本章“保健品”部分以获得更多关于强化犬免疫系统功能的信息。
- 疫苗接种只选在犬完全健康的时候进行，过度免疫会导致免疫系统并发症。

- 犬需要足够的身体锻炼。
- 日常生活中要避免应激。如果犬是工作犬或展示犬，这意味着需要平衡犬展示、工作与在家放松的时间。保持犬的心情愉悦是预防免疫系统疾病发生的首要方法。

膳食

无论是生鲜食还是熟制的自配辅食，饲喂新鲜的膳食是帮助犬预防免疫系统疾病的最佳方式。众所周知，基于新鲜食材的自配辅食含有犬必需的营养素。这些营养素有助于免疫系统的健康，并能够提供充足的能量来抵抗细菌与病毒的侵袭。一些成品粮与自配辅食相比，消化难度增加，有可能造成免疫系统对某些配料成分产生抗原反应。

治疗疾病最好的方式就是预防。力求爱犬膳食中的食材多样化，保证膳食中优质蛋白质、脂肪与营养充足，辅以强化免疫系统的保健品，犬就可以保持健康的状态。

保健品

需要强调的是，患有免疫系统疾病的犬需要及时的药物治疗。在犬日常膳食中添加以下有助于增强免疫系统的保健品，可以帮助犬快速恢复健康，保持强健的身体。

抗氧化剂

维生素 A、C 和 E 是高效抗氧化剂，可以清除犬体内在免疫系统功能下降时产生的自由基。亚油酸和含有槲皮素的生物黄酮类有助于强化免疫系统。

锌

免疫系统抑制的犬有些缺乏锌元素，需要咨询宠物医生以确定是否需要为犬补充锌。

B 族维生素

B 族维生素可以提升神经系统与大脑机能，有助于缓解应激。维生素 B_6 对免疫系统抑制的犬非常有效。

益生菌与消化酶

通常情况下，患有免疫系统疾病的犬也有消化方面的疾病，无法很好地利用食物中的营养。益生菌有助于保持消化道内菌群稳定，消化酶可以预消化胃内的脂肪与蛋白质，有助于犬吸收膳食中的营养素。两者都有助于平衡和增强消化系统。

鱼油

鱼油有助于消炎，还可以调节与增强免疫系统。

增强免疫力的草药

如果你正在寻找合成药物的天然替代品，市场上有许多很好的免疫草药混合物。其中最好的有紫锥菊、金海豹、红三叶草、蒲公英、牛蒡、猫爪草、艾萨克茶、苏玛和黄芪，尽可能使用这些药本植物的甘油酊剂。

注　　释

1. http://www.americanpetproducts.org/press_industrytrends.asp
2. http://www.tolldenfarms.ca/reference/126-kibble-history
3. http://www.crufts.org.uk/history-crufts
4. Thurston, Mary Elizabeth. 1996. *The Lost History of the Canine Race: Our 15,000-Year Long Affair with the Dog.* Kansas City, MO: Andrews and McMeel Publishing. 4.
5. Ibid 11.
6. Ibid 5-6.
7. Ibid 7-8.
8. Sugimura, T. 2000. "Nutrition and Dietary Carcinogens," *Carcinogenesis,* 21.3: 398-95.
9. Pavia, Audrey. July 1996. "History of Premium Dry Dog Food," *Pet Product News,* 50.7: 1-3.
10. Kronfeld, D.S., PhD, DSc, MVSc. 1972. *Canine Nutrition,* Philadelphia, PA: University of Pennsylvania, School of Veterinary Medicine. Preface.
11. Ibid.
12. Op. Cit. Thurston. 12-14
13. National Academy of Sciences, Subcommittee on Dog Nutrition, Committee on Animal Nutrition. 1974 "Nutrient Requirement of Dogs." Washington DC.
14. Sheffy, B.E. 1989. "The 1985 Revision of the National Research Council Nutrient Requirements of Dogs and Its Impact on the Pet Food Industry," *Nutrition of the Dog and Cat.* Cambridge, MA: Cambridge University Press. 18-19.
15. Ibid 19.
16. Ibid 25.
17. Canadian Veterinarian Medical Association, "A Common Sense Guide to Feeding Your Dog or Cat," www.cvma-acma.org/petfood/feed12.htm

18. Brown, Steve and Taylor, Beth. 2005. *See Spot Live Longer.* Oregon: Creekobear Press.

19. *Nexus Magazine,* October/November 2007. "Junk Pet Food and the Damage Done," 14.6.

20. Brown, Steve and Taylor, Beth. 2005. *See Spot Live Longer.* Oregon: Creekobear Press.

21. Kronfeld, D.S., PhD, DSc, MVSc. July/August 1982. "Protein Quality and Amino Acid Profiles of Commercial Dog Foods," *Journal of the American Hospital Association,* 18:682-83.

22. Kronfeld, D.S., PhD, DSc, MVSc. June 1978, "Home Cooking for Dogs, Food Energy-Carbohydrates, Fats and Proteins," *American Kennel Club Gazette.* 64.

23. Finco, D.R., Brown, S.A., Crowell, W.A., Brown, C.A., Barsanti, J.A., Carey, D.P., and Hirakawa, D.A. September 1994. "Effects of Aging and Dietary Protein Intake on Uninephrectomized Geriatric Dogs," Am J Vet Res. 1282-90. http://www.ncbi.nlm.nih.gov /pubmed/7802397?dopt=Abstract

24. Laflamme, Dottie, DVM, PhD. "Nutrition for Aging Cats and Dogs and the Importance of Body Condition. http://www.ncbi.nlm.nih.gov /pubmed/15833567

25. National Research Council of the National Academy of Sciences, "Nutrient Requirements of Dogs and Cats", 2006 Edition, National Academies Press, Washington, DC.

26. Kronfeld, DS, PhD, DSc, MVSc. 1972. "Some Nutritional Problems in Dogs," *Canine Nutrition.* Philadelphia, PA: University of Pennsylvania, School of Veterinary Medicine. 32-33.

27. Case, Linda P., MS, Carey, Daniel P.D., DVM, and Hirakawa, Diane A., PhD, 1995. *Canine and Feline Nutrition.* Mosby Press. 17-18.

28 Kronfeld, DS., PhD, DSC, MVSC, July 1978. "Home Cooking for Dogs, The Staples, Meat, Meat By-Products and Cereal," *American Kennel Club Gazette,* 55.

29. Op. Cit. Case, Carey, Hirakawa. 17-18.

30. Op. Cit. Kronfeld. "Home Cooking for Dogs, Food Energy-Carbohydrates, Fats and Proteins." 62.

31. Op. Cit. Kronfeld. "Home Cooking for Dogs, The Staples, Meat, Meat By-Products and Cereal." 55.

32. Op. Cit. Kronfeld. "Home Cooking for Dogs, Food Energy-Carbohydrates, Fats and Proteins." 62.

33. Armand, W.B., VMD. 1972. "Diet and Gastrointestinal Problems," *Canine Nutrition.* Philadelphia, PA: University of Pennsylvania, School of Veterinary Medicine. 49.

34. Op, Cit. Case, Carey, Hirakawa. 17-18.

35. Kienzle, E., and Meyer, H. 1989. "The Effects of Carbohydrate-Free Diets Containing Different Levels of Protein on Reproduction in the Bitch," *Nutrition of the Dog and Cat.* Cambridge, MA: Cambridge University Press. 254-25.

36. Op. Cit. Kronfeld. "Home Cooking for Dogs, The Staples, Meat, Meat By-Products and Cereal." 55.

37. How KL, Hazewinkel HA, Mol JA. "Dietary Vitamin D Dependence of Cat and Dog Due to Inadequate Cutaneous Synthesis of Vitamin D." *General and Comparative Endocrinology,* 1994, 96(1):12-8

38. http://vdilab.com/page.php?id=76

    http://www.news.cornell.edu/stories/2008/04/cornell_studies-using-vitamin-d-cancer-prevention

    http://www.crvetcenter.com/vitamind_cancer.php

    http://ovc.uoguelph.ca/sites/default/files/users/ovcweb/files/VitDstudyforveterinariansICCI-website.pdf

39. https://www.vitamindcouncil.org/vitamin-d-news/new-study-finds-vitamin-d-deficiency-related-to-congestive-heart-failure-in-dogs/

40. http://www.peteducation.com/article.cfm?c=1+1448&aid=709

41. Supplement table references

    Balch, James F., and Balch, Phyllis A. 1990. *Prescription for Nutritional Healing.* New York, NY: Avery Publishing Group Inc.

    Belfield, Wendell O., and Zucker, Martin. 1993. *How to Have a Healthier Dog.* San Jose, CA: Orthomolecular Specialties.

    Lieberman, Shari, and Bruning, Nancy. 1990. *The Real Vitamin and Mineral Book.* New York, NY: Avery Publishing Group Inc.

    Pitcairn, Richard H., DVM, PhD. 1995. *Natural Health for Dogs and Cats.* Philadelphia, PA: Rodale Press.

    Schoen, Allen M., and Wynn, Susan G. 1998. *Complementary and Alternative Veterinary Medicine.* St. Louis, MO.

Volhard, Wendy, and Brown, Kerry. 1995. *The Holistic Guide for a Healthy Dog*. Book House.

42. http://www.webmd.com/news/20080915/salmonella-risk-prompts-pet-food-recall

    http://health.usnews.com/health-news/diet-fitness/digestive-disorders/articles/2008/11/06/salmonella-outbreak-tied-to-dry-dog-food-continues.html

    http://petnutrition.suite101.com/article.cfm/salmonella_pet_food_recall_expanded

    http://www.marketwatch.com/story/dog-food-recalled-for-possible-salmonella-problem

    http://health.usnews.com/health-news/family-health/articles/2008/05/15/salmonella-outbreak-linked-to-dry-dog-food.html?PageNr=2

43. Hand, M.S., Thatcher, C.D., Remillard, R.L., and Roudebush, P. (2000) *Small Animal Clinical Nutrition*. Mark Morris Institute. Pg. 36-42,188.

44. http://www.avma.org/reference/zoonosis/znsalmonellosis.asp

45. Finley, R., et al. (2007) The Risk of Salmonellae Shedding by Dogs Fed Salmonella-contaminated Commercial Raw Food Diets. Can Vet J. Vol. 48 #1. Pg. 69-75.

46. http://www.fda.gov/FDAC/departs/2000/500_upd.html#pigs

47. www.asph.org/vetmed/ppt/lefebvre.ppt

48. http://www.ruidosomalinois.com/nutrition-working-dog.htm

49. http://www.a-love-of-rottweilers.com/canine-congestive-heart-failure.html

50. http://www.fvmace.org/FVMA%2082nd%20Annual%20Conference/Proceedings/New%20Classification%20Scheme%20for%20Canine%20Heart%20Disease.html

51. http://animalpetdoctor.homestead.com/heart.html

52. http://www.akcchf.org/canine-health/your-dogs-health/disease-information/cardiomyopathy.html

53. http://www.akcchf.org/canine-health/your-dogs-health/disease-information/cardiomyopathy.html

54. http://www.petmd.com/dog/conditions/cardiovascular/c_dg_cardiomyopathy_hypertrophic

55. http://www.petmd.com/dog/conditions/cardiovascular/c_dg_cardiomyopathy_hypertrophic
56. http://www.akcchf.org/canine-health/your-dogs-health/disease-information/cardiomyopathy.html
57. http://www.vetmed.wsu.edu/ClientED/cardiacDrugs.aspx
58. http://web.archive.org/web/20010213234901/http://www.cvmbs.colostate.edu/cancercure/nutrition.htm#Nutritional Support for the Veterinary
59. http://www.bing.com/search?q=What%20is%20Cancer%20Cachexia&qs=n&form=QBRE&pq=what%20is%20cancer%20cachexia&sc=8-23&sp=-1&sk=&cvid=419e7f1dc916478889378a38a0f884c3
60. http://web.archive.org/web/20010213234901/http://www.cvmbs.colostate.edu/cancercure/nutrition.htm#Nutritional Support for the Veterinary
61. http://web.archive.org/web/20010213234901/http://www.cvmbs.colostate.edu/cancercure/nutrition.htm#Nutritional Support for the Veterinary
62. http://www.vetinfo.com/leptospirosis-in-dogs.html
63. http://www.vetmed.wsu.edu/ClientED/cushings.aspx
64. http://www.vetmed.wsu.edu/ClientED/addisons.aspx
65. http://www.vetinfo.com/dkidney.html#meds
66. http://web.archive.org/web/20040205075757/http://www.cm-d.com/buckeye/tech_manual/8_28.html
67. www.aces.edu/pubs/docs/U/UNP-0050/UNP-0050.pdf
68. Tilford, Mary L. and Gregory L., All You Ever Wanted to Know About Herbs for Pets, California: Bow Tie Press, 1999, p. 177-178.
69. http://www.itsfortheanimals.com/THYROID-DILEMMA.HTM
70. http://www.itsfortheanimals.com/DODDS-BEHV-THYROID.HTM
71. http://www.itsfortheanimals.com/THYROID-DILEMMA.HTM
72. http://www.petmd.com/dog/conditions/endocrine/c_multi_pancreatitis
73. http://pets.webmd.com/dog-pancreatitis-symptoms-and-treatment
74. http://link.springer.com/article/10.1007%2Fs00125-005-1921-1
75. http://jhered.oxfordjournals.org/content/98/5/518/T3.expansion.html

76. http://www.ncbi.nlm.nih.gov/pubmed/18196728

77. Publication: Patterson EE. Results of a Ketogenic Food Trial for Dogs with Idiopathic Epilepsy. University of Minnesota PhD Thesis (Chapter 4). © Edward Earl Patterson 2004.

78. http://www.canine-epilepsy.com/healthydiet.html

79. http://canine-epilepsy.com/Alternative.html

80. http://www.vetcontact.com/en/art.php?a=1268&t

    Source: Rand JS, Farrow HA, Fleeman LM, Appleton DJ. (2002): Diet in the prevention of diabetes and obesity in companion animals. In: *Asia Pac J Clin Nutr.* 2003;12 Suppl:S6.

81. http://community.myfitnesspal.com/en/discussion/333183

82. http://www.vetinfo.com/calcium-oxalate-crystals-in-dogs.html

83. http://www.veterinarypartner.com/Content.plx?A=1683

84. http://www.wedgewoodpetrx.com/learning-center/professional-monographs/diethylstilbestrol-for-veterinary-use.html

85. http://www.veterinarypartner.com/Content.plx?A=614

86. http://www.petcarerx.com/article/using-proin-for-a-dog-with-incontinence/1638

87. http://www.vcahospitals.com/main/pet-health-information/article/animal-health/malabsorption-bacterial-overgrowth-in-dogs/838

88. http://www.healthypets.com/expaine.html

89. http://vetmedicine.about.com/cs/dogdiseasesh/a/HGEindogs.htm

90. http://www.holisticpetinfo.com/Diarrhea-in-Dogs-and-Cats_ep_118.html

索　引

G

H

J

K

L

M

N

O

P

Q

R

S

T

W

X

Y

Z

其他

作 者 简 介

卢·奥尔森（Lew Olson）自 1974 年以来一直进行犬展示和犬饲养工作。奥尔森 1983 年毕业于北达科他大学，之后搬到得克萨斯州的奥斯汀，在得克萨斯大学读研究生。1992 年，她把所有的犬调整为饲喂生鲜食，并观察到生鲜食喂养对犬的健康有相当多的益处。1999 年，她创办了名为 K9 营养的雅虎小组。奥尔森以 Berte 天然营养名义为犬设计了几种营养补品。她为好几家犬类刊物撰写过犬营养方面的文章，包括《新西兰犬报》（*The New Zealand Dog Gazette*）、《罗特韦尔犬季刊》（*The Rottweiler Quarterly*）、《我健康的犬》（*Mein Hund Naturich Gesund*）、《罗特韦尔犬》（*The Total Rottweiler*）和其他许多杂志。她目前是得克萨斯罗威纳犬俱乐部的主席。她也是一名 AKC 评委，并在 AKC 展会上展示了她的罗特韦尔犬。目前，奥尔森居住于得克萨斯州的蒙戈利亚。

致 谢 单 位

有猫有狗 就有麦富迪

伯纳天纯
PureNatural

定制好粮·有机力量
来自北纬41°黄金农牧带

料好成分好！

艾牧宠爱
LAMB FOR PETS